U0262025

本书出版得到下列单位和项目的慷慨资助，特此致谢！

石河子大学哲学社会科学优秀学术著作出版基金资助

石河子大学兵团屯垦戍边研究中心资助

石河子大学中亚文明与向西开放协同创新中心资助

土地沙漠化防治中的环境公平问题研究

王光耀 著

中国社会科学出版社

图书在版编目（CIP）数据

土地沙漠化防治中的环境公平问题研究／王光耀著 . —北京：中国
社会科学出版社，2022.3

ISBN 978 - 7 - 5203 - 9889 - 3

Ⅰ.①土… Ⅱ.①王… Ⅲ.①沙漠化—防治—研究 Ⅳ.①P941.73

中国版本图书馆 CIP 数据核字（2022）第 041234 号

出 版 人	赵剑英
责任编辑	范晨星
责任校对	王佳玉
责任印制	王　超

出　　版	中国社会科学出版社
社　　址	北京鼓楼西大街甲 158 号
邮　　编	100720
网　　址	http://www.csspw.cn
发 行 部	010 - 84083685
门 市 部	010 - 84029450
经　　销	新华书店及其他书店

印　　刷	北京明恒达印务有限公司
装　　订	廊坊市广阳区广增装订厂
版　　次	2022 年 3 月第 1 版
印　　次	2022 年 3 月第 1 次印刷

开　　本	710×1000　1/16
印　　张	15.75
插　　页	2
字　　数	243 千字
定　　价	85.00 元

凡购买中国社会科学出版社图书，如有质量问题请与本社营销中心联系调换
电话：010 - 84083683

序

"绿水青山就是金山银山",如何对生态治理效果作客观评价,更好地做好生态文明建设,是学界近年来探索的重要命题之一。生态文明建设其实就是把可持续发展提升到绿色发展高度,为后人"乘凉"而"种树",就是不给后人留下遗憾并且留下更多的生态资产。习近平指出,人与自然是生命共同体,人类必须尊重自然、顺应自然、保护自然。为此,要加大生态系统保护力度,实施重要生态系统保护和修复重大工程,优化生态安全屏障体系,构建生态廊道和生物多样性保护网络,提升生态系统质量和稳定性。开展国土绿化行动,推进荒漠化、石漠化、水土流失综合治理,强化湿地保护和恢复,加强地质灾害防治。本书以土地沙漠化防治为切入点,研究环境治理的效果的评判逻辑与理论范式,具有一定的研究特色,能够丰富环境公平理论、土地沙漠化防治等领域相关理论与实践成果。

本书从以下角度进行了重点分析:

第一,探讨土地沙漠化防治中环境公平与环境效率具有统一性问题,并以此为基础分析土地沙漠化防治中宏观层面、中观层面利益群体环境公平问题。研究认为,以中央政府为代表的宏观层面利益群体代表着全国人民的利益,其是土地沙漠化防治中的主导方,支付了主要的项目建设费用,在土地沙漠化防治中的首要目标是实现生态效益的最大化,改善生态环境,实现生态安全;以地方政府和相关职能部门为代表的中观层面利益群体其在土地沙漠化防治过程中体支付了机会成本和管理成本、人工成本,其主要的利益关注点是项目区复合型生态系统中生态系统和经济社会系统的耦合协调程度。据此建立了环境效益函数,作为环境公平判别依据。

第二，构建了环境公平规范下的微观个体动态博弈模型，论证环境公平规范在土地沙漠化防治中的作用。通过分析可以看出，单纯依靠政策干预并不会达到有效管护的效果，需要发挥社会资本将政策的干预正向效果扩大。在不完全合约的环境下，社会组织或者社会资本的规范效果是约束投机行为、促进社会良性互动基本保障。为了减少人们侵扰保护区对生态环境造成压力，出台惩罚措施是必要的。在封禁保护区除尽快出台相关的法律法规加强巡护人员的巡护之外，还需要与当地村民充分合作，建构公平和睦利益互惠的运行机制，调动村民的积极性和创造性，发挥村规民约在封禁保护区管护中的作用。引导和建立村民的自组织，多方面引导人们生活习惯，规范人们的生活行为，在环境公平规范作用下，提高破坏者的舆论与道德压力，才能抑制破坏促进合作。

第三，土地沙漠化防治中微观层面利益群体在土地沙漠化防治中损失了部分经济利益和机会成本。参与环境治理的目的除期待家乡生态环境变好外，更主要考虑自身获得的实际效益。其目标函数是追求以经济效益为基础的综合效益最大化。通过构建环境基尼系数分析总体环境公平趋势，通过构建综合效益影响因素的分位数回归模型分析影响综合效益的结构性因素，为微观层面利益群体的环境公平问题作进一步深入分析。

研究成果具有以下学术价值：一是探讨土地沙漠化防治中环境公平与环境效率具有统一性问题，并以此为基础分析土地沙漠化防治中宏观层面、中观层面利益群体环境公平问题。二是构建了环境公平规范下的微观个体动态博弈模型，论证环境公平规范在土地沙漠化防治中的作用。三是通过构建环境基尼系数分析微观层面利益主体的总体环境公平趋势，通过构建综合效益影响因素的分位数回归模型分析影响综合效益的结构性因素，为微观层面利益群体的环境公平本质问题作进一步分析。

本书从环境公平视角分析土地沙漠化防治的效益，并为相关研究提供研究范式参考。在沙漠化防治中牵涉的经济利益群体主要包括三个方面：中央政府、地方政府和部门、所在区域的社区居民。这些利益群体在土地沙漠化防治中具有不同的防治目标或者利益诉求，基于这些利益群体的受益（或者受损）的环境公平分析，涵盖以下理论的探讨，在宏观层面、中观层面与微观层面评价（测度）环境公平，在微观层面分析环境公平规范对农牧民行为的约束作用等问题。这些理论的探讨能够丰富从经济学视角分析环境公平问题的研究。

摘　　要

　　环境公平问题是可持续发展公平性问题的另一种表述，基于公平性上的可持续发展是人类共同的追求。环境公平研究的问题涵盖资源消耗与占有、能源消费、环境风险承受、生态恶化以及环境利益分配等议题，从现有的文献来看，从环境公平角度分析沙漠化防治问题的文献尚不多见，需要进一步推进。本文以甘肃省河西走廊5县沙化土地封禁保护区建设为研究案例，从环境公平视角来分析土地沙漠化防治的效果，从宏观、中观、微观三个层面分析和评估土地沙漠化防治的环境公平问题。

　　本文对已有研究的文献回顾与梳理基础上，界定了土地沙漠化防治中的环境公平概念及内涵，并从经济学视角对环境公平做了理论分析，并提出土地沙漠化防治中环境公平问题的研究层面与分析逻辑，本文试图解决土地沙漠化防治中的以下问题：宏观层面是否公平的获得环境容量；中观层面是否公平的获得环境治理效果；微观层面环境公平规范如何发挥作用；微观层面是否公平的享有环境利益。基于这些问题，本文根据不同的利益群体分为三个层面分别探索分析。得出以下结论：

　　第一，土地沙漠化防治中，存在"中央政府—地方政府—项目管理方—项目承包方"多层级的委托代理关系，宏观层面的利益主体是中央政府，其利益是通过地方政府（县一级政府）代理实施的生态工程项目产生环境效益实现的，以生态安全为宏观层面利益群体环境公平判别变量，以卡尔多－希克斯标准为环境公平判别标准，以不同的政策之间或同一政策不同实施阶段生态安全的变化作为整体福利增加或减少的依据。所以，本研究中分析土地沙漠化防治宏观层面利益主体的范围是以县域为基本单位，同时分析具体生态工程项目的环境效益。

第二，中观层面利益主体是以地方政府和职能部门为代表的地方准生态公共品保护与供给的代理者，在保护区建设过程中中观层面利益主体支付了机会成本和管理成本、人工成本，其主要的利益关注点是项目区复合型生态系统中生态系统和经济社会系统的耦合协调程度，使用该变量度量中观层面利益主体的利益（或者福利），衡量是否公平的标准为卡尔多－希克斯标准，主要采用纵向对比的方法，辅助以横向对比。环境公平参考的主要变量是项目区复合型生态系统中生态系统和经济社会系统的耦合协调度。

第三，在分析微观层面环境公平问题时使用了"戴维斯－诺斯标准"。本研究认为，从整体上衡量环境福利增减与均衡情况并不能说明微观个体在环境治理中收益是否实现环境公平，即需要分析每一个行为个体在项目区的综合收益是否实现公平。相较于宏观层面与中观层面利益群体的确定性，微观个体具有不确定性和广泛性等特点，所以对微观层面利益群体采取动态博弈方法和环境基尼系数法论述环境公平在土地沙漠化防治中的必要性与现实性，运用分位数回归方法分析环境公平分布的影响因素，得到以下结论：

一是通过动态博弈结果分析可以看出，单纯地依靠政策干预并不会达到有效管护的效果，需要发挥社会资本将政策的干预正向效果扩大，在不完全合约的环境下，社会组织或者社会资本的规范效果是约束投机行为、促进社会良性互动的基本保障，为了减少人们侵扰保护区对生态环境造成压力，建立惩罚措施是必要的，在封禁保护区除了尽快出台相关的法规加强巡护人员的巡护之外，需要与当地村民充分合作，建构公平和睦利益互惠的运行机制，调动村民的积极性和创造性，发挥村规民约在封禁保护区管护中的作用，引导和建立村民的自组织，多方面引导人们生活习惯，规范人们的生活行为，在环境公平规范作用下，提高破坏者的舆论与道德压力，才能抑制破坏促进合作。

二是项目区居民实际生态补偿均值与受偿意愿的期望值之间存在差距，差距为 1740.361 元/户/年。通过动态博弈结果分析可以看出，单纯依靠政策干预并不会达到有效管护的目的，需要在环境公平规范作用下，提高破坏者的舆论与道德压力，才能抑制破坏促进合作。

三是做好土地沙漠化防治工作的思路应该遵循庇古思路与科斯思路相结合的原则。一方面，政府应该是土地沙漠化治理的主导方，在政策制定、生态工程投资、生态补偿等方面进行积极的政府干预，另一方面，在保护区建设与经营过程中应该积极发挥保护区周边社区等非政府力量的介入，构建以社会资本为核心的环境公平规范，通过招募周边村民参与工程建设、巡护（承包管护权）等方式实现公有产权一定程度的内部化。

四是基于基尼系数计算的方法，得到 $G = 0.083998$，定性判断为环境公平。本文认为，从整体上讲项目区微观层面利益群体在综合效益获得方面不具有显著差异性，即总体上讲项目区微观层面利益群体在综合效益分配方面实现环境公平。研究认为微观层面利益群体环境公平处于较低层次公平。

关键词：土地沙漠化防治，环境公平，沙化土地封禁保护区，生态安全，耦合协调度，动态博弈，综合效益，环境效率

Abstract

The issue of environmental equity is another expression of the issue of fairness in sustainable development. Sustainable development based on the fairness is the common aspiration of mankind, Researches on the issues of environmental equity cover various topics such as resource consumption and possession, energy consumption, environmental risk tolerance, ecological deterioration and environmental benefit distribution. As for the existing literature, there are rare researches on the analysis of desertification prevention from the perspective of environmental equity, so it's necessary to conduct further studies. This book takes the construction of protected zones of desertified land in 5 counties of Hexi Corridor in Gansu Province as the research object and makes an analysis of the effects of desertification prevention and control from the perspective of environmental equity. And it also analyzes and evaluates the issues of environmental equity in desertification prevention from the three dimensions of macro level, meso level, and micro level.

Based on reviewing and combing the existing literature, this book defines the concept and connotation of environmental equity in the prevention and control of land desertification, and makes a theoretical analysis of environmental equity from the perspective of economics and then proposes the research dimensions and analytical logic on environmental equity in the prevention of land desertification. This book attempts to address the following issues. Is the environmental capacity is obtained equally at macro level? Are the environmental governance effects achieved fairly at meso level? How do the environmental equity norms play a role and are the environmental benefits enjoyed at micro level? Based on these questions, this book will make an exploration and analysis from three dimensions according to different levels of interest groups. And the following conclusions are made below.

Firstly, there is a multiple level consign and surrogate relationships of "central government-local government-project proprietor-project contractor" in the prevention and control of land desertification. The macro-level stakeholder is the central government and the interests are realized through the environmental benefits from eco-engineering projects implemented by local government (county-level government). In this book, the Karldor-Hicks Principle is used as the criterion for judging environmental eqnity, and the changes of ecological security between different policies or at different implementation stages of the same policy are used as the basis for the increase or decrease of overall welfare. Therefore, the book takes the county as a basic unit when analyzing main interest groups of desertification prevention at the macro level and the environmental benefits of specific ecological projects in this research.

Secondly, the meso level stakeholders are the agents for the protection and supply of local quasi ecological public goods represented by local governments and functional departments. During the construction of the protected zone, the meso level stakeholders have paid opportunity costs, management costs and labor costs. Their main interest focus is the coupling and coordination degree of ecosystem and economic and social system in the complex ecosystem of the project area, This variable is used to measure the interests (or welfare) of stakeholders at the meso level. The standard to measure whether it is fair is the Kardo-Hicks Principle, which mainly adopts the method of vertical comparison, supplemented by horizontal comparison. The main variable of environmental equity is the coupling coordination degree between ecosystem and social-economic system in the complex ecosystem of project area.

Thirdly, the "Davis North standard" is used in the analysis of environmental equity at the micro level. This book believes that measuring the increase,

decrease and balance of environmental welfare as a whole can not explain wheth-
er micro individuals realize environmental equity in environmental governance,
that is, it is necessary to analyze whether the comprehensive income of each in-
dividual in the project area is fair. Compared with the certainty of interest
groups at the macro level and meso level, micro individuals have the character-
istics of uncertainty and universality. Therefore, dynamic game method and en-
vironmental Gini coefficient method are adopted for interest groups at the micro
level to discuss the necessity and reality of environmental equity in the preven-
tion and control of land desertification. Quantile regression method is used to
analyze the influencing factors of environmental equity distribution, and the fol-
lowing conclusions are obtained.

First, there is a gap between the actual average value of ecological com-
pensation for residents with 1,740. 361 yuan per household a year in the project
area and residents' expected value for compensation. It can be seen from the a-
nalysis of the dynamic game results that only relying on policy intervention will
not achieve the goal of effective management. It is necessary to raise the public
awareness and exert moral pressure for betrayers under the influence of environ-
mental equity in order to suppress betrayal and promote cooperation.

Second, the idea of well preventing and controlling land desertification
should follow the principle of the combination of Pigou's idea with Coase's
thought. On the one hand, the government should be dominant in the manage-
ment of land desertification and actively intervene in policy formulation, eco-en-
gineering investment, and ecological compensation. On the other hand, it
should actively develop the surrounding communities and other non-governmen-
tal forces to play a part in the construction and operation of protected areas and
establish the environmental equity standards centered on social capital so as to
achieve certain internalization of public property rights by recruiting local villag-
ers to participate in project construction and patrolling (contracting for manage-
ment and protection).

Third, the qualitative judgment is fair when G = 0. 083998 is obtained based on the Gini coefficient. This book believes that the micro-level interest groups in the project area have no significant differences in obtaining comprehensive benefits as a whole. That is to say, the micro-level interest groups achieve environmental equity in the distribution of comprehensive benefits in the project area. The research finds that the micro-level interest groups enjoy a lower-level environmental equity.

Keywords: Prevention and Control of Land Desertification; Environmental Equity; Ecological Security; Environmental Efficiency

目　　录

第 一 章

导　　论

第一节　选题背景与研究意义

一　选题背景

习近平总书记在党的十九大报告中提出，要加快生态文明体制改革，建设美丽中国。生态文明建设其实就是把可持续发展提升到了绿色发展高度，为后人"乘凉"而"种树"，就是不给后人留下遗憾并且留下更多的生态资产。习近平总书记指出，人与自然是生命共同体，人类必须尊重自然、顺应自然、保护自然。要加大生态系统保护力度。实施重要生态系统保护和修复重大工程，优化生态安全屏障体系，构建生态廊道和生物多样性保护网络，提升生态系统质量和稳定性。开展国土绿化行动，推进荒漠化、石漠化、水土流失综合治理，强化湿地保护和恢复，加强地质灾害防治。[①]

土地沙漠化是人类社会可持续发展的重大阻碍之一，甚至威胁到人类社会的存在。我国历史上就一直受到土地沙漠化的影响，楼兰古城、西汉时期黑河下游的居延县，曾经都是土地肥沃的绿洲，由于发生沙漠化而最终废弃。土地沙漠化造成土地资源的退化，可用耕地的减少，土地生产力下降，大风、干旱以及沙尘暴等环境灾害频发。生态环境的恶化进一步影响社会经济活动的开展与可持续发展，过去由于土地沙漠化造成的生态贫困时有发生。此外，土地沙漠化还严重影响交通运输、水

---

① 《习近平谈治国理政》第 3 卷，外文出版社 2020 年版，第 40 页。

利等基础设施建设，以及工农业生产和人民生活。可持续发展研究的核心议题之一是环境公平问题，实现环境公平是实现可持续发展的基础与保障。环境公平问题的研究发轫于美国，并逐渐影响世界其他地区，研究的对象包括不同种族、民族、阶层群体，研究的范围涉及全球的、国家间的、区域间的和微观个体间的环境相关问题，研究的问题涵盖资源消耗与占有、能源消费、环境风险、生态恶化等议题，但是从现有的文献来看，从环境公平角度分析沙漠化防治问题的尚不多见，需要进一步推进。

为了进一步有效治理土地沙漠化，2013年国家实施了沙化土地封禁保护区建设工程项目。该工程由林业局、财政部共同牵头，实施省区包括内蒙古、宁夏、甘肃、新疆等7个省域。随着2015年《国家沙化土地封禁保护区管理办法》出台，沙化土地封禁保护区建设工程正式成为防沙治沙主要方法之一。该项工程主要把不宜和不具有开发治理条件的沙化区进行围栏、禁牧、巡护，即采取强制性的手段把需要治理的沙漠化土地用围栏封禁起来，减少或者消除人为对沙化土地的干扰，发挥自然生态系统的自我修复能力，促进生态自我修复。封禁保护区的选址需要满足以下条件：第一，保护区有明确的产权，以国有和集体土地所有为主，连续与连片分布，区域内尚未实施其他补助政策；第二，拟实施封禁保护的区域生态脆弱，生态环境严重影响人们生产生活，且生态系统存在进一步恶化的危险。

对于在沙漠生态系中实施封禁保护建设工作，学界一直在探讨相关的议题，这些议题围绕以下几个方面：一是沙化土地封禁保护区作为一个公共物品是否具有正外部性；二是沙化土地封禁保护区系统所形成的复合型生态系统能否促进各子系统之间耦合协调发展；三是沙化土地封禁保护区建设的科学性与合理性如何评价。目前这些议题的研究取得一定的进展，但是相关研究尚不系统不充分。本书从环境公平视角来分析土地沙漠化防治的效果，从宏观、中观、微观三个层面评估土地沙漠化防治的环境公平问题，以期对土地沙漠化防治效果进行全面、科学评估，为治理水平的提升提供客观合理的决策依据。

二　选题必要性分析

（1）实现社会经济可持续发展的需要

生态文明建设和可持续发展已经作为社会经济发展一项重要的指导原则。经济社会的可持续发展离不开健康的生态环境和可使用的自然资源。土地沙漠化不仅造成土壤退化，土地资源减少影响农牧民的经济收入，而且导致生存环境及生存条件的恶化，自然灾害频发，威胁到黄河流域与长江流域两大生态系统的安全。每次沙尘暴的爆发都会对人们的生存与健康造成极大影响，对社会经济造成极大的损失，以沙化土地封禁保护区建设为代表的大型防沙治沙工程是新时期土地沙漠化防治的探索，其已经显现的社会经济与生态效益，显示其对国家、地方政府和居民均有实际意义。本项研究正是试图通过探索沙化土地封禁保护区建设中不同受益群体的不同的利益关注点以及能否公平实现，探索沙化土地封禁保护这种保护模式对宏观、中观、微观受益群体的直接或者间接的动态影响，以环境公平为依据促进管护机制、开发与治理机制以及生态补偿制度的完善，促进经济社会的可持续发展。

（2）论证大型生态工程项目科学性和合理性的需要

国家每年投入大量的人力物力用于生态工程项目建设。这些项目虽然前期都经过科学的论证，但是，在具体实施过程中很少有科学的求证来验证项目实施的效果。长期以来，人们对生态自然保护区效益缺少了解。大多数人只看到建设生态自然保护区或者大型生态工程花费的大量成本，利益涉及方损失的机会成本和间接成本，而忽视了对生态工程建设外溢效益的分析。因此生态工程建设的成本－效益分析需要进一步加强，并在此基础上分析不同受益体所承担的成本与风险以及获得溢出效应是否实现了环境公平，将有助于人们认识到保护区的建设在增加社会福利等方面发挥哪些作用。基于环境公平的判断，能够论证该项目的实施是否具有可持续性，是否具有科学性和合理性。

（3）促进保护区建设，完善保护区管理的需要

保护区建设在保护自然资源、维护生物多样性、改善生态环境等方面发挥着重要作用，然而保护区的建设与相关利益方之间依然存在诸多矛盾，突出表现在地方政府为了发展经济需要，设置和规划保护区的动力不强；部分保护区的建设者和工作人员对保护区重要性以及建设保护区的意义认识不到位，对保护区在经济社会以及生态效益方面的认知度不高，认为只是单纯的完成一项工作任务；保护区周边的居民生活方式和生产方式受到一定的影响，使得私人利益与社会利益、地方利益与全局利益、短期利益与长远利益之间产生矛盾。保护区成本负担的内在性与保护区效益的外在性使得这些矛盾无法在短时间内得到较好解决，不利于保护的持续建设与管理。为了解决这些矛盾和问题，亟须使用合适的方法对保护区的综合效益进行评估，并在评估的基础上就综合效益在不同层级不同受益群体之间是否公平享有进行客观合理判断。以此，论证保护区建设是否存在环境不公平的地方，需要在顶层设计上兼顾不同层级的公平。使得项目建设能够实现可持续发展，能够更好发挥其经济社会生态效益，造福于当代人，造福于子孙后代。

三　研究的目标

环境公平问题，从经济学上分析，归根结底就是经济主体的利益问题，只有科学、合理地协调各方利益才能使环境问题得到更好解决，目前学界多用环境公平理论分析环境污染治理，公共资源分配与使用，市场失灵与公地悲剧等问题，而对于生态工程治理的环境公平问题的分析并不多见，对于沙漠化防治中的环境公平问题的探讨则只见于细枝末节，不具有系统性，需要进一步加强。本书重点探讨沙漠化防治在风险、成本、效益等方面在不同受益群体之间分配的公平性问题，为该类生态工程建设效果的评价提供方法上的借鉴。从经济学视角分析土地沙漠化防治的环境公平问题需要分析和界定以下概念，一是不同层面利益群体对于环境福利的理解问题；二是不同层面对环境公平的衡量角度与测度方法问题，本书界定如下：

（1）宏观层面环境公平分析的是以中央政府为代表的整体利益分配问题

研究的视角为生态安全变化（治理前与治理后）情况，以生态安全作为环境效益的主要指标，生态安全度提高与降低即认为环境福利与环境净效益的增加与减少。由于整体利益很难进行分割，本书认为环境净效益与环境效率具有一致的内涵，环境效率与环境公平在土地沙漠化防治中具有统一性，所以本书从环境效率的角度对宏观层面利益群体的环境公平进行了间接度量。分析的范围涉及县域与项目区两个层面。

（2）中观层面环境公平分析是以地方政府为代表的区域利益分配问题

研究的视角为项目区各子系统之间的耦合协调度（基线与中期）变化情况，以耦合协调度作为环境效益的主要指标，耦合协调度的提升与降低即认为环境福利与环境净效益的增加与减少。与宏观层面具有相同境况的是，区域利益也很难进行分割，本书认为环境净效益与环境效率具有一致的内涵，环境效率与环境公平在土地沙漠化防治中具有统一性，所以本书从环境效率的角度对中观层面利益群体的环境公平进行了间接度量。分析的范围涉及项目区层面。

（3）微观层面环境公平分析是以农牧民为代表的项目区综合效益分配问题

研究视角为项目区综合效益，以保护区综合效益作为环境效益的主要指标。该视角下有两个分析视角：一是运用动态博弈方法分析环境公平规范的作用。土地沙漠化防治工程能否很好发挥作用与项目区微观个体参与方式（合作与破坏）有很大的关系。为了阐明环境公平在土地沙漠化防治中的作用，使用了动态博弈的分析方法，分析了环境公平规范在土地沙漠化防治中的作用。二是分析微观个体获得环境综合效益是否具有公平性。

本书正是基于以上问题，试图对以上问题解决做有益探索。

四 研究意义

河西走廊是典型的绿洲—荒漠生态系统，土地沙漠化是制约经济社会发展的瓶颈，本书选取的河西走廊 5 个县域分别是民勤县、永昌县、金川区、凉州区、古浪县。5 个县分别处于腾格里沙漠和巴丹吉林沙漠南缘或交界处，从广域的空间格局上讲，都不同程度地受到两大沙漠的影响，均处于石羊河水系，具有典型的绿洲经济特征。该区域肩负着遏制生态环境进一步恶化，发展经济、摆脱贫困的双重任务，本书基于环境公平视角下对土地沙漠化防治的效果进行分析，具有较高的理论意义和实践意义。

（1）理论意义

本书以沙漠生态系统可持续发展中的利益关系及其公平性，经济不公平与环境不公平之间的相互转换为理论分析依据，在分析中采用外部性、成本－效益分析、公共物品、动态博弈等经济学核心概念与方法，以经济学关于公平定义为基础，建立沙漠化防治风险、成本、综合效益在空间视角的公平判别模型，以此判断沙漠化防治在空间视角上对不同的受益群体是否具有公平性。

在沙漠化防治中牵涉的经济利益群体主要包括三个方面：中央政府、地方政府和部门、所在区域的社区居民。这些利益群体在土地沙漠化防治中具有不同的防治目标或者利益诉求，基于这些利益群体的受益（或者受损）的环境公平分析，涵盖以下分析理论的探讨，在宏观层面、中观层面与微观层面评价（测度）环境公平问题，在微观层面分析环境公平规范对农牧民行为的约束作用等问题。这些理论的探讨能够丰富从经济学视角分析环境公平问题的研究。

（2）实践意义

人们在社会经济生活中违背经济社会系统与自然生态系统运行规律是导致土地沙漠化的主要原因之一。在发展经济过程中不重视生态环境的保护，自然资源的开发超过了生态的承受能力，所以，土地沙漠化问题的产生一般起因于一定的社会经济活动方式。具体地讲，与该地区经济、人口与政策等因素紧密相关，分析土地沙漠化防治的环境公平问题的过程，也是分析经济社会相关问题的过程。分析土地沙漠化防治中综合效益在不同受益群体之间收益是否公平，不但能够使保护区相关利益方认识到保护区建设的重要性与合理性，而且有利于避免政府建设保护区的盲目性，使保护区周边居民认识到"保护区的建设不仅能够促进自身经济收入和生活水平的提升，而且有利于造福子孙后代"。对进一步完善已建生态工程，改进在建生态工程，指导待建生态工程，具有重要意义。同时通过对保护区外溢效益公平性的分析与反馈，能够达到完善调整有关政策方针，提高国家投资生态工程的决策水平，达到提高和改善生态工程综合效益的目标。在土地沙漠化防治中注重环境公平，能够促进解决造成土地沙漠化的相关社会经济因素，对于提高我国土地沙漠化防治的决策水平具有一定的现实意义。

河西走廊是我国土地沙漠化问题比较严重的地区之一，该区域生态环境十分脆弱，随着人口的增长和经济发展对生态资源的过度消耗，生态平衡常遭到破坏。土地沙漠化制约着经济社会的可持续发展。本书以环境公平为理论指导和价值判断，建立科学合理的沙漠化防治机制，从而为促进该区域乃至甘肃经济生态环境可持续发展，缓解生态灾害对全国范围尤其是黄河流域与长江流域两大生态系统造成的生态压力，具有较强的实践意义。

第二节　研究思路、技术路线与方法

一　研究思路

本项研究以土地沙漠化防治中环境公平问题为分析视角，以沙漠化防治中的利益关系和公平性问题、经济不公平与环境不公平之间作用关系以及沙漠化防治中生态演化趋势为分析的主线，采用经济学的分析方法，譬如：动态博弈分析、成本－效益分析、经济均衡分析、行为响应分析、外部性分析、公共品供给分析等分析方法。重点探讨以下问题：环境公平的理论含义及在可持续发展中的分析视角，福利经济学、制度经济学对环境不公平成因的分析，沙漠化防治过程表现在利益主体的动态博弈过程，继而考察沙漠化防治中不同层次利益群体的环境公平问题。土地沙漠化防治代内环境公平问题主要以空间视角分析为主，其分析涵盖土地沙漠化防治中环境效益在宏观层面、中观层面和微观层面的环境公平判别。

本书基于研究对象对环境公平界定如下：生态环境具有外部性，各受益体在生态环境中获得的收益对等，各个受益体在生态系统破坏中承担的成本对等，各个受益体在生态工程（包括：自然资源保护区、生态治理工程等）建设中获得的收益与承担的风险、成本对等，从生态工程建设中获得效益的受益体与承担生态工程建设的主体一致。与环境公平对应的概念为环境效率，本书对其界定如下：环境效率可以界定为人们作用于生态环境而产生的总体生态效益，即人们的社会实践对生态环境福利（净效益）改变的程度。一般可以通过环境福利提升程度（净效益）除以环境成本算出，将环境作为一种投入的成本，将环境净效益（可为正也可为负值）作为产出，环境效率就是投入成本一定的情况下，环境福利改善的程度。经济学在分析环境效率时认为，卡尔多－希克斯效率能够实现潜在的帕累托改进，在土地沙漠化防治中，环境效率提升意味着，第一，沙漠化土地环境净效益提升，即环境得到改善，表现在宏观上是生态安全度的提升，表现在中观上是保护区各子系统耦合协调度提升，表现在微观上即意味着农牧民获得的环境综合效益提高。第二，沙漠化土地环境效益的帕累托改进。因此，在土地沙漠化防治中，环境效率与环境公平具有统一性。本书的研究思路如图1－1所示。

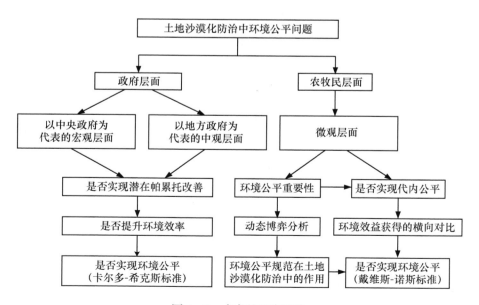

图1－1　本书的研究思路

从图 1-1 可以看出，本书在分析宏观层面与中观层面环境公平问题时，基于"卡尔多-希克斯标准"，分析环境是否实现潜在帕累托改进，在此基础上分析环境效率是否提升，并进而构建环境公平测评模型，评价分析环境公平问题。从图 1-1 同时可以看出，在分析微观层面环境公平问题时使用了"戴维斯-诺斯标准"。本书认为，作为一项大型生态工程项目，研究环境效率与环境公平具有同等重要的意义。因为，在生态治理中环境效率与环境公平具有统一性，基于"卡尔多-希克斯标准"，当满足"集体效率的目标"时环境公平程度即可实现提高，因为生态环境具有强烈外部性特点，其生态改善产生的环境效益（福利）从空间上讲会惠及同代每个个体，从时间上讲会惠及不同代的人，是实现代内公平和代际公平的前提与基础。所以本书从以下几个方面探讨卡尔多-希克斯标准下的环境公平问题：一是该标准下当利益主体确定的情况下（如政府层面），其能否实现环境公平判断的标准是福利的增加或者减少，这种增加或者减少是通过不同政策之间或者同一政策不同实施阶段的对比获得的，如果社会总体福利为正表明社会整体或社会中大多数人的福利有所增加，这不只是公平的前提，其本身就体现了公平。二是由于整体是由各个利益主体组成的，整体福利的增加意味着部分个体或者全部个体福利获得了增加，所以整体福利的增加是实现微观利益增加的基础也为微观利益群体实现环境公平奠定了基础。三是社会总体环境福利的增加并不意味着社会成员环境福利获得了同质化的增加，不仅存在环境福利在不同微观个体之间分配不均的状况，还存在不同微观群体成本收益不均衡，环境治理成本承担方和环境受益方不统一等问题，需要进一步作出分析，所以单纯的以"卡尔多-希克斯标准"判断环境公平是不充分的。本书在宏观层面和中观层面使用"卡尔多-希克斯标准"分析环境公平基础上，在微观层面上使用"戴维斯-诺斯标准"分析环境公平。

二　研究技术路线

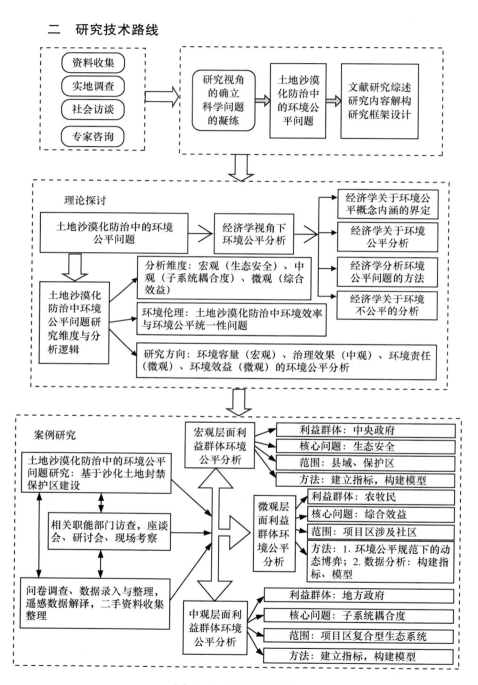

图 1-2　研究技术路线

三　研究方法

本课题研究在实地调研与考察的基础上综合运用生态经济学、社会学、制度经济学、资源经济学、生态学、荒漠化防治工程学等多学科研究分析方法。

（1）定量分析和定性分析相结合

定量与定性是科学研究重要分析方法，研究中注重定性与定量相互结合的分析方法，注重定性基础上的定量研究，结合定量基础上的定性分析，二者结合，相辅相成，能够使研究全面深入。环境公平是可持续发展的一个核心概念，对其的论述既有经济学意义上的定性描述也需要在构建模型的基础上定量的分析。

（2）实证分析与规范分析相结合

实证分析是以客观事实为研究的依据，分析参与社会实践的集体、组织或者个人，具有客观性和可验证性。规范研究带有一定的价值范式，并依据该价值范式对现实社会经济运行进行判断，探讨符合该范式的实现路径与方法。本书从经济学角度对沙漠化防治的环境公平内涵进行了规范分析，在对其测算过程中则采用实证分析，对环境公平的宏观层面、中观层面和微观层面分析中也采用实证分析。二者结合分析，有利于促进研究的客观性和深刻性。

（3）系统分析法

土地沙漠化防治是一个系统工程，在环境公平视域下分析其工程的外溢效益问题是生态工程综合效益可持续利用的主要视角之一。沙漠生态资源的可持续利用涉及经济问题等很多方面因素，需要从系统论角度，使用系统动力学的方法，对各个影响因素以子系统的方式探讨相互作用关系。

（4）动态分析方法

将土地沙漠化防治作为一个动态变化的过程，其牵涉沙漠生态环境的演化，沙化土地封禁保护区在生态演化中的作用，人地关系的相互作用，农牧民家庭产业的变迁，农牧民生计方式的变化，环境公平在时间尺度上的表现与衡量，因此需要从动态演化的角度分析问题。

第三节 研究的主要内容及重难点、创新点

一 研究的主要内容及重难点

（1）宏观层面、中观层面与微观层面利益群体环境公平分析的主要内容

经济因素是环境公平问题的核心因素，以经济利益关系为分析的主线，分析我国沙漠化防治过程中的不同利益主体的建设目标，可以建立起不同利益主体在沙漠化防治中的环境公平分析的依据。在生态工程建设过程中个体理性会导致集体不理性，集体理性又会导致个体理性得不到满足。这其中，就牵涉三类利益群体，一是以中央政府为代表的，追求宏观利益，也是中华民族长远利益的代表，强调的是生态安全；二是以地方政府和林业部门为代表的准生态公共品的保护和供给者，在具体实践中兼顾生态效益与经济效益的协调发展；三是以农户为代表的微观层面利益主体，其整体可持续发展能力不高，抵御环境灾害风险的能力不足，农户长远利益与沙漠化防治的长远目标具有一致性，但是短期内为了改善生活，更多的追求经济利益。三方利益群体在土地沙漠化防治中防治目标存在着交叉重叠又各具一定的独立性，需要做好充分的分析与把握。只有做好清晰界定，建立科学可信的指标体系，才能为进一步环境公平分析奠定坚实基础。

（2）宏观层面、中观层面利益群体环境公平模型构建是本书的难点

宏观层面与中观层面利益群体具有清晰性和明确性，土地沙漠化防治中，研究区域虽同处于石羊河流域，但是各个县域的基本情况各有特点，在起点不尽相同的情况下进行植被的恢复与重建，大幅度提高植被的覆盖率，优化土地资源的使用结构，使生态系统趋向健康状态的过程不尽相同，若单纯对各项目区以横向对比进行环境公平判别，则无法考虑到各项目区起点不同的特点。基于此，在横向对比的同时也需要基于纵向对比构建环境公平模型。学界一般在横向对比上分析代内公平问题，纵向对比上分析代际公平问题，所以如何通过纵向对比分析环境公平问题是本书的一个难点。

（3）基于环境公平规范下微观个体的动态博弈分析是本书的重点

土地沙漠化防治具有公共物品属性，土地沙漠化防治中环境效益能否发挥作用取决于保护区运营过程中对其进行的保护与管护，在沙漠化防治中存在以下几种微观层面的利益关系：一是微观个体与保护区的关系；二是微观个体与社区的关系；三是微观个体之间的关系。这些关系和谐程度是微观个体发挥管护保护区作用的关键。保护区建立后，项目区农牧民经济利益受到一定的损失，目前实施的生态补偿尚不足以弥补这种损失，在这种境况下存在微观个体围绕保护区进行利益博弈的现实性，在微观个体理性与政策干预有限的情况下，需要构建基于环境公平规范的动态博弈，使保护区有效运营，发挥最大的生态效益。对于环境公平规范下微观个体动态博弈的分析可以与微观个体环境公平的分析相互呼应。因此，基于环境公平规范下微观个体的动态博弈分析是本书的重点。

二　可能的创新之处

本书以沙漠化防治为视角分析环境公平问题，在生态经济学理论，可持续发展理论与实践方面有所探索与丰富。从以下角度进行了重点分析：

第一，探讨土地沙漠化防治中环境公平与环境效率具有统一性问题，并以此为基础，分析土地沙漠化防治中宏观层面、中观层面利益群体环境公平问题。研究认为，以中央政府为代表的宏观层面利益群体代表着全国人民的利益。其是土地沙漠化防治中的主导方，支付了主要的项目建设费用，在土地沙漠化防治中的首要目标是实现生态效益的最大化，改善生态环境，实现生态安全。以地方政府和相关职能部门为代表的中观层面利益群体其在土地沙漠化防治过程中支付了机会成本和管理成本、人工成本。其主要的利益关注点是项目区复合型生态系统中生态系统和经济社会系统的耦合协调程度，据此建立了环境效益函数，作为环境公平判别依据。

第二，构建了环境公平规范下的微观个体动态博弈模型，论证环境公平规范在土地沙漠化防治防治中的作用。通过分析可以看出，单纯地依靠政策干预并不会达到有效管护的效果，需要发挥社会资本将政策的干预正向效果扩大，在不完全合约的环境下，社会组织或者社会资本的规范效果是约束投机行为、促进社会良性互动基本保障。为了减少人们侵扰保护区对生态环境造成压力，建立惩罚措施是必要的。在封禁保护区除尽快出台相关的法律法规加强巡护人员的巡护之外，还需要与当地村民充分合作，建构公平和睦利益互惠的运行机制，调动村民的积极性和创造性，发挥村规民约在封禁保护区管护中的作用。引导和建立村民的自组织，多方面引导人们生活习惯，规范人们的生活行为，在环境公平规范作用下，提高破坏者的舆论与道德压力，才能抑制破坏促进合作。

第三，通过构建环境基尼系数分析微观层面利益主体的总体环境公平趋势，通过构建综合效益影响因素的分位数回归模型分析影响综合效益的结构性因素，为微观层面利益群体的环境公平本质问题做进一步分析。

第四节　相关理论基础

一　可持续发展理论

1972 年"世界环境大会"发表的《人类环境宣言》最早阐述了可持续发展理念。该宣言呼吁全人类行动起来，不仅为了当下也为了子孙后代而保护地球。该会议关于环境问题与发展问题的探讨具有里程碑意义。1987 年《我们共同的未来》（*Our Common Future*）出版，可持续发展作为新的发展理念和模式逐渐被全世界接受。1992 年 6 月，联合国环境与发展大会确立了可持续发展的战略。[1][2]

从环境公平视角分析"可持续发展"，可以看出其基本的内涵可概括为两点：一是实现代内的公平，包括不同区域间的、不同国家间的、不同群体间的、不同个体间的资源环境利益分配的公平；二是代际间的公

---

① 马光：《环境与可持续发展导论》，科学出版社 2014 年版，第 294—309 页。
② 牛文元：《中国可持续发展的理论与实践》，《中国科学院院刊》2012 年第 27 期。

平。不同代际之间的人类既要满足代内公平又不能损害后代人的基本利益。[1] 可持续发展的核心是环境可持续发展，其实质是一个系统全方位的趋于结构合理、运转流畅、组织优化的均衡、和谐演化过程。可持续发展的最终目的是一个追求完美的过程，但是不同的发展时期人们对于完美的理解不尽相同，所有可持续发展理论具有阶段性特征，不同的学科对该理论也有各自学科的定义。总结起来，涵盖以下几个方面：①自然资源尤其是不可再生资源是有限的；②资源环境容量有限，生态环境承载力有限；③可持续发展的社会应该体现和坚持社会公平性；④重视生物的遗传资源保护，弥补人类因自己的不合理开发与占有行为对物种的破坏；⑤公众参与，提高生活质量的同时维护与提高生态环境质量。[2][3][4] 牛文元等[5]认为可持续发展理论强调"整体性""内生性"和"综合性"含义。"整体性"是指要考虑人类社会发展外部性因素和内部性因素，包括协调的和矛盾的各种因素处于系统各种因果关系中。"内生性"是指在作问题分析时，那些起到因变量的因素，这些因素汇总起来影响总体结果。"综合性"即涉及发展的各个因素相互作用的组合而不是简单的叠加，把地球作为一个整体来开发、研究、利用和保护，用全新的视角和方法研究地球表层这个自然和社会剧烈交互作用的生态圈和人类圈。[6]

可持续发展研究包括四个方向：经济学方向、社会学方向、生态学方向、系统学方向。其中经济学方向是指从经济的观念来诠释可持续发展，经济学分析可持续发展的逻辑基于资源总量的有限性。资源总量是用货币表示的自然资源经济价值，属于自然资本范畴，在一定条件下可

---

①　张志强、孙成权：《可持续发展研究：进展与趋向》，《地球科学进展》1999 年第 6 卷第 14 期，第 589—595 页。

②　罗伊·莫里森、刘仁胜：《生态文明与可持续发展》，《国外理论动态》2015 年第 9 期，第 114—119 页。

③　刘拓：《中国土地沙漠化及其防治策略研究》，博士学位论文，北京林业大学，2005 年。

④　赵振芳、张亮：《我国生态功能区可持续发展面临的问题与建议》，《经济纵横》2017 年第 6 期，第 28—32 页。

⑤　牛文元：《可持续发展理论内涵的三元素》，《中国科学院院刊》2014 年第 4 卷第 29 期，第 410—415 页。

⑥　齐晔、蔡琴：《可持续发展理论三项进展》，《中国人口·资源与环境》2010 年第 4 卷第 20 期，第 110—116 页。

以与人造资本相互弥补。可持续理论①②③④在土地沙漠化防治过程中具有很强的指导意义和价值判断意义。在国家层面，要解决区域协调发展问题；在社会方面，要在治理沙漠化的同时，解决群众基本生活问题，包括贫困地区群众脱贫致富问题。

二　公共物品理论

1919 年提出的林达尔均衡是最早的公共物品理论标志性成果之一。1954 年保罗·萨缪尔森发表的《公共支出的纯粹理论》将公共物品定义为：是指公共消费或者使用的物品，且人们可以在不影响其他人消费的前提下消费或使用该物品，一般具有非排他性和非竞争性的特点。所谓非排他性，就是指某人消费某一公共物品并不影响其他人同时消费该公共物品并从中获益，即在一定的生产力水平下，另一个消费者消费该公共物品产生的边际成本为零。所谓非竞争性，就是某人消费某一公共物品时，并不排除其他人消费这一物品。⑤ 公共物品一般具有两个特点：一是"区域性"，即公共物品的生产是由一定的区域或者多个区域共同作用的结果，其影响范围包括全局的一个或多个区域；二是"代际性"，即公共物品的问题一般是跨期作用的结果，具有长期性而非瞬时性。所以，在分析与解决公共物品时需要从空间和时间两视角来考量和协调。⑥⑦ 奥斯特罗姆梳理出公共物品具有以下特点：难以衡量物品、由多人共同消

---

① A. 科塔里、F. 德马里亚、A. 阿科斯塔等：《好生活、去增长和生态自治：可持续发展和绿色经济的替代选择》，《国外理论动态》2016 年第 11 卷，第 78—87 页。

② 方行明、魏静、郭丽丽：《可持续发展理论的反思与重构》，《经济学家》2017 年第 3 期，第 24—31 页。

③ 陈昆亭、周炎：《创新补偿性与内生增长可持续性理论研究》，《经济研究》2017 年第 7 期。

④ 张帆、夏凡：《环境与自然资源经济学》，格致出版社、上海三联书店、上海人民出版社 2016 年版。

⑤ 张晋武、齐守印：《公共物品概念定义的缺陷及其重新建构》，《财政研究》2016 年第 8 期，第 2—13 页。

⑥ 马胜杰、夏杰长：《公共经济学》，中国财政经济出版社 2003 年版。

⑦ 邓大才：《中国农村产权变迁与经验——来自国家治理视角下的启示》，《中国社会科学》2017 年第 1 卷，第 4—24 页。

费、难以排除未消费的人、个人对物品种类和质量没有选择权利、个人一般不能选择消费或不消费，对于物品的付费与消费或需求没有密切关系、配置决策主要通过政治程序作出等特征。[1][2]　一般情况下，公共物品分为三类：一是纯公共物品或集体物品，这类物品具有非排他性和非竞争性；二是收费物品或俱乐部物品，它们有排他性但没有竞争性；三是公用物品，它们不具排他性，但有竞争性。[3][4]

公共物品伴随着西方经济学的不断发展而发展，公共物品理论认为市场是不完善的，会造成信息商品的不充分生产，在私人市场上实现不了最优化的提供信息商品数量，信息商品的公共产权更有效率。在研究中需要从公共政策视角分析和研究土地沙漠化防治中存在的社会利益冲突问题。土地沙漠化防治作为一项公共产品不仅包含环境福利增加的问题，还涵盖福利的分配问题，体现环境福利的生产与分配的全过程，在这一过程中，公众对这一公共物品的认知与行为选择基于个人理性与个人选择基础上，因此公共物品理论的逻辑基础是经济学。

三　外部性理论

斯蒂格利茨和范里安等在《经济学》《微观经济学：现代观点》中提出外部性概念。[5]　外部性是指市场交易对非参与者造成了影响却没有反映在价格中，这种影响就是外部性，因为它对市场来说是外在的。如果外部性造成的是福利的损失就是负外部性；如果是改善了福利就是正外部

①　李文钊：《制度多样性的政治经济学——埃莉诺·奥斯特罗姆的制度理论研究》，《学术界》2016 年第 10 卷，第 223—237 页。

②　汤吉军、戚振宇：《行为政治经济学研究进展》，《经济学动态》2017 年第 2 卷，第 102—111 页。

③　秦颖：《论公共产品的本质——兼论公共产品理论的局限性》，《经济学家》2006 年第 3 卷第 3 期，第 77—82 页。

④　沈满洪、谢慧明：《公共物品问题及其解决思路——公共物品理论文献综述》，《浙江大学学报》（人文社会科学版）2009 年第 6 卷第 39 期，第 133—144 页。

⑤　徐桂华、杨定华：《外部性理论的演变与发展》，《社会科学》2004 年第 3 卷第 26—30 页。

性。边际外部成本是指代理人增加一个"单位"活动造成的负外部性的社会成本。[①] 外部性存在的条件[②]是：

$$U_j = [X_{1j}, X_{2j}, \cdots, X_{nj}, f(X_{mk})], \text{其中} j \neq k \qquad (1-1)$$

式（1-1）中 X_i（$i = 1, 2, \cdots, n, m$）代表着各种经济活动，而 j 和 k 代表着不同的个人，一旦个体 j 的福利受到其控制下的因素影响，也受到个体 k 控制下的活动 X_{mk} 所产生的效用 $f(X_{mk})$ 的影响，外部性问题就出现了。[③] 所以，外部性可以理解为在经济活动中产生的外溢效益，这种外溢效益具有强制性与非自愿性等特点。经济活动产生的作用关系不是由市场机制产生的，而是在市场机制运转过程之外产生的。

从外表效果和表现形式来看，外部性的作用效果有可能是生产活动造成的，也有可能是消费活动造成的，既可能是有益的，也可能是有害的。据此可以分为生产和消费的外部经济性，生产和消费的外部不经济性。此外，从外部性产生的时空上讲，可分为代内外部性和代际外部性，从外部性的稳定条件可分为稳定外部性和不稳定外部性，根据外部性的竞争性与排他性可分为私人外部性和公共外部性，从外部性的方向性可分单向外部性和交互外部性。[④][⑤][⑥]

西方经济学认为产生外部性的原因主要源于两个方面：市场缺失和产权缺失。一般情况下市场正常运转条件包括：产权清晰、市场完全竞争、没有明显外部性、不存在短期行为等，满足不了这些条件就有可能导致市场失灵、环境恶化等问题出现。产权不明晰是导致资源外部性的另一个原因。按照科斯定理，如果环境外部性的产生者与受害者之间交易成本为零，只要一方拥有环境产权，就会使环境资源的配置达到最

---

① Herman E. Daly、Joshua Farley：《生态经济学：原理与应用》，徐中民等译，黄河水利出版社 2007 年版，第 123—132 页。

② Buchanan J. M., "Externality" *Economica*, Vol. 29, No. 116, 1962, pp. 371 – 384.

③ 约翰·C. 伯格斯特罗姆、阿兰·兰多尔：《资源经济学：自然资源与环境政策的经济分析》，谢关平、朱方明译，中国人民大学出版社 2015 年版，第 160—171 页。

④ 郑永琴：《资源经济学》，中国经济出版社 2013 年版，第 213—230 页。

⑤ 黄敬宝：《外部性理论的演进及其启示》，《生产力研究》2006 年第 7 卷，第 22—24 页。

⑥ 张百灵：《外部性理论的环境法应用：前提、反思与展望》，《华中科技大学学报》（社会科学版）2015 年第 2 卷，第 44—51 页。

优。学界在解决环境污染的外部性上存在两种思路：一是依照庇古的观点，即环境污染的外部性问题不是靠市场而是靠加强政府干预来解决的，通过政府的决策与行政干预使私人决策与社会决策均衡点逐渐吻合。二是依照科斯的观点，即环境问题的外部性需要通过完善市场机制、明晰产权来解决，只要产权关系明确，私人成本就不会和社会成本发生背离。①②③

事实上，如土地沙漠化这样的大范围的生态环境问题，受影响的人数众多，仅仅依靠科斯的思路很难解决问题，需要强有力的政府干预。因为对于土地沙漠化防治这种大型的环境工程建设来讲，外部性波及范围广泛，外部性内部化过程会产生巨大的交易成本，建立一系列财产权未必能使环境效率提高。

四　制度经济学

制度经济学就是在批判传统经济学的基础上发展起来的。20 世纪 20 年代至 30 年代，以凡伯伦为代表的旧制度经济学派在美国兴起，产生过重要的学术影响与社会实践影响。20 世纪 60 年代，制度经济学发展出了两个"新"制度经济学派，分别以加尔布雷思、科斯为代表派④。⑤ 新制度经济学派（Neo-institutional economic school）强调经济研究集中在整个社会方面，而非个人或者企业，即使用制度分析法或者结构分析法分析经济发展问题；新制度经济学派（New institutional economic school）继承了新古典经济学思想，并对其有所发展，其对新古典经济学的修正体现在以下两个方面：一是个人的有限理性；二是个人具有谋取最大利益的

---

①　范庆泉、周县华、张同斌：《动态环境税外部性、污染累积路径与长期经济增长——兼论环境税的开征时点选择问题》，《经济研究》2016 年第 8 卷，第 116—128 页。

②　孙玉霞：《消费税对污染负外部性的矫正》，《税务研究》2016 年第 6 卷，第 44—45 页。

③　张运生：《内生外部性理论研究新进展》，《经济学动态》2012 年第 12 卷，第 115—124 页。

④　前者用 Neo-institutional economic school 表示，后者用 New institutional economic school 表示。

⑤　张林：《两种新制度经济学：语义区分与理论渊源》，《经济学家》2001 年第 5 卷第 5 期，第 56—60 页。

机会主义行为倾向。①

　　制度变迁理论是新制度经济学的重要分支。诺斯认为比起技术的发展，一个国家经济社会发展，制度变迁发挥更大的作用。由于交易成本的存在，若能够降低相对交易成本，制度变迁将不可避免，即一种收益更高的制度对一种收益较低制度的替代。② 制度变迁理论对转型中的中国有很强现实意义。朱富强③认为研究分析现实制度问题，应该基于未来发展的正义原则而非效率原则。张海丰④提出了构建动态的时空特定性制度理论，把心理学基础、技术因素、个人行为动机作为制度变迁的三个因素。

　　土地沙漠化防治包括预防和治理两大部分，是实现干旱半干旱地区经济社会可持续发展的基础，其实质就是能否实现生态环境服务的有效供给问题。现实的土地沙漠化防治的制度安排是建立在理论指导的基础上的。传统理论认为，土地沙漠化防治具有公共物品属性，在制度安排方面，政府需要生产和供给土地沙漠化防治服务。实际上政府投入了大量的人力物力进行土地沙漠化防治，生态恶化现象依然没有从根本上得到遏制的现象普遍存在。为了遏制这种低效的制度安排，需要一定的制度创新。在土地沙漠化防治中，有两种制度安排方案：一是依照市场机制制定土地沙漠化防治政策；二是靠政府行政权力扩大环境福利。可以看出这两种制度方案均存在缺陷，土地沙漠化防治提供的生态服务具有典型的外部性特征，外部性的存在就会引发"市场失灵"，所以政府的干预在土地沙漠化防治中是必要的。作为一项复杂的系统工程，任何一项制度对解决这样的复杂问题都具有一定的优势，但也都存在一定劣势，没有唯一的最佳安排。在土地沙漠化防治中可以建立政府主导、市场参

---

　　① 黄少安：《制度经济学由来与现状解构》，《改革》2017 年第 1 卷，第 132—144 页。

　　② 袁庆明、袁天睿：《制度、交易费用与消费：基于新制度经济学视角的分析》，《江西财经大学学报》2015 年第 4 期，第 23—30 页。

　　③ 朱富强：《制度经济学研究范式之整体框架思维：主要内容和现实分析》，《人文杂志》2015 年第 10 卷，第 44—53 页。

　　④ 张海丰：《新制度经济学的理论缺陷及其演化转向的启发式路径》，《学习与实践》2016 年第 9 卷，第 5—15 页。

与、运用多中心的制度安排等综合手段，实现土地沙漠化防治服务的有效供给。①

五　环境效率理论

环境效率是与环境公平相对应的概念，一般情况下，效率是指能有效使用社会资源以满足人类的需求和愿望，在既定的生产力水平和资本投入下，对资源有效的使用，或带来最大限度的有效满足，是对人们社会实践效果的一种价值判断。在新古典经济学中，一般认为效率实现的标志就是帕累托最优，在帕累托最优状态下，资源配置处于一般均衡下的效率状态，在这种状态下不存在潜在帕累托改进余地，在把环境作为商品或者资源的条件下，由于环境具有不可分割性，环境效率只能作为环境净收益。由此，对于环境效率可以界定为：人们作用于生态环境而产生的总体生态效益，即人们的社会实践对生态环境福利（净效益）改变的程度。一般可以通过环境福利提升程度（净效益）除以环境成本算出，将环境作为一种投入的成本，将环境净效益（可为正也可为负值）作为产出，环境效率就是投入成本一定的情况下，环境福利改善的程度。学界在使用环境效率时，大体分为两类情况：一类是作用于社会生产活动的社会实践；另一类是作用于生态环境的社会实践。其中作用于生产活动的社会实践产生的环境效率计算方式有以下几个方法：一是用经济总量与环境负荷（环境载荷）比值来测算，二是用经济活动产生的价值与产生的环境影响之比来测算。

本项研究关于土地沙漠化防治中环境效率的分析属于第二类社会实践。土地沙漠化防治中的生态效率考量主要是在资源与环境约束的条件下实现经济社会可持续发展，实现生态效益的最大化与最优化。具体来讲，在土地沙漠化防治中，宏观层面利益主体，在环境治理投入资金一定的情况下，其目标是实现生态安全的最大化；中观层面利益主体，在投入管理成本、人力成本与机会成本等总成本一定的情况下，其目标是实现生态子系统与社会经济子系统的耦合协调度的提升；微观层面利益

---

① 刘拓：《中国土地沙漠化及其防治策略研究》，博士学位论文，北京林业大学，2005年。

主体，在沙漠化防治中支付了机会成本，且在短时间内变化不大，其目标是获得保护区综合效益最大化（或者生态损失最小化）。这就意味着，在宏观层面上，对中央政府来讲，环境效率体现在土地沙漠化防治中获得的环境净效益（即生态安全度）的提升；在中观层面上，对地方政府来讲，环境效率体现在土地沙漠化防治中环境福利（即项目区各子系统耦合度）的提高；在微观层面上，对于项目区农牧民来讲，环境效率体现在土地沙漠化防治中从项目区获得综合效益的提高。

第 二 章

相关问题的研究综述

第一节　环境公平的含义分析

一　关于公平的概念

对于公平或者正义的理解有助于正确理解环境公平，所以需要对公平概念的内涵做一个简单回顾。

公平和公正以及平等具有较为一致的内涵与外延，其研究范畴涉及政治、经济、文化、社会、法律和道德等方面。一般来讲公是指公众，平是指平等，所以字面解释为大家不偏不倚平等存在。公平是人类社会永恒的价值追求。我国自古就有"不患寡而患不均""天下为公"的思想，在农耕文明下有"耕者有其田"的朴素追求，法律方面有"王子犯法与庶民同罪"的思想。

古希腊人对公平观做了诸多探讨，柏拉图认为公平就是正义，二者具有相同的含义①。亚里士多德认为公平就是以相同的态度对待相同的境况，这与我国"以直报怨，以德报德"的思想具有相似性，并且他把公平划分为绝对的和相对的公平。启蒙运动时期，西方先后涌现了一批以法理为基础探讨公平问题的学者，包括格劳秀斯、斯宾诺莎、霍布斯等②。他们认为，自然法所赋予人们的自然权利是人们行为正义性的准

---

① 刘士民：《柏拉图与亚里士多德之法律思想的比较》，《中西法律思想论文集》，汉林出版社 1995 年版，第 458 页。

② 黄秀华：《公平理论研究的历史、现状及当代价值》，《广西社会科学》2008 年第 6 卷，第 53—58 页。

则，而自然权利是以人类的理性作为行为法则，并倡导法律面前人人平等。古典经济学的鼻祖亚当·斯密对公平观的理解充满自由主义色彩。他注重机会的均等，在市场的驱动下，能够用"无形的手"实现利己为目的的利他行为①。近代西方出现一批从现实中的人出发探讨公平问题的学者，有卢梭、孟德斯鸠、伏尔泰等。他们强调人人生而平等，法律面前一律平等的思想②。近代以来西方社会出现了严重的阶层分化现象，社会矛盾急剧上升，关于公平的探讨和争议越发激烈。其中最著名的有三个学派，分别是以英国边沁为代表的功利主义学派，以马克思、康德为代表的哲理学派和以奥斯丁为代表的分析学派。马克思认为人是一切社会关系的总和，公平性的根源来自社会实践，公平性的实现来自社会关系的调节。

当代西方社会出现了严重的贫富差距现象，西方学者开始对社会公平进行深入探讨，代表人物有阿瑟·奥肯、哈耶克、诺奇克等。罗尔斯提出了内涵丰富的当代社会正义理论。在该理论中，罗尔斯认为一切社会的善都应该平等地享有，但是他认为公平并不意味着消灭一切不公，而是消灭对人有害的不公③。诺奇克是绝对自由主义者的代表，他在理解社会公平时强调自我和个人的价值与权利，他认为以侵犯个人利益获得的集体利益是不公平的，而通过公平路径获得的不平等也是公平的，即强调过程的公平与机会的公平④。

1965 年，美国学者、心理学家约翰·亚当斯提出社会比较理论，他认为人们的公平感来自自己和比较对象的对比。以此建立了公平理论的模型：$Q_p/I_p = Q_o/I_o$，其中 Q_p 代表自己收益的认知，I_p 代表其付出的主观感受。Q_o 代表其对比较对象所获收益的感知，I_o 代表其对比较对象所

---

① ［英］亚当·斯密：《国民财富的性质和原因的研究》（下卷），郭大力、王亚南译，商务印书馆 1974 年版，第 27 期。

② 宋圭武、王渊：《公平、效率及二者关系新探》，《江汉论坛》2005 年第 9 卷，第 23—26 页。

③ ［美］约翰·罗尔斯：《正义论》，何怀宏等译，中国社会科学出版社 1988 年版，第 302—303 页。

④ ［美］诺奇克：《无政府、国家与乌托邦》，何怀宏等译，中国社会科学出版社 1991 年版，第 1 期。

付出的感受①。

我国学者关于公平理论的探讨多基于西方关于公平概念范式下的学理的探究。宋圭武②认为应当从多维的综合角度分析公平，包括空间、时间、价值以及领域等视角，而公平实现的过程需要采用综合的应对策略。齐守征③认为社会公平具有社会范式作用，对人与人之间的行为具有很强约束与规范作用。在分析国外社会公平理论的基础上得到对我国现实的启发。他指出，对社会公平的理解具有历史演进的变化，其实现的过程需要依赖现实的各种社会关系，不存在超越现实经济基础的"普世"的社会公平。当前我国处于社会剧烈转型时期，存在较大的贫富差距，需要从制度上保护弱势群体，在渠道上保护底层社会群体上升的通道。李德顺④在分析东西方关于公平的区别与联系的基础上，提出判断公平与否的标准：每个个体在社会实践中能否实现权责统一？若能则为公平，若否则为不公平。夏纪军⑤认为个人对公平的判断是基于参照点选择，而个人参照点的选择有两个突出特征：社会比较与适应性，这些特征决定了社会公平标准的时代性、区域性以及信息交流的重要性。

综上所述，可以看出对于公平的理解具有历史性和时代性，并且具有文化上差异。在人类的思想史上，公平与正义的意蕴具有高度的重合性，二者既是人类永恒追求的目标也是价值判断的标准，包含着对社会最不利地位人的关注与帮扶，也包含着通过"利己"的方式实现"利他"。总体上说对公平的定义与判断主要源自学者们对所在的不同历史时期、不同社会基础基于不同的价值追求提出来的。透过这种差异和区别，

---

① Adams, J. S, "Toward an understanding of inequity" *Journal of Abnormal and Social Psychology*, Vol. 67, No. 5, 1963, pp. 422–436.

② 宋圭武：《公平及公平与效率关系理论研究》，《社科纵横》2013年第6卷，第27—33页。

③ 齐守征：《社会公平的涵义及理论评述》，《科教导刊》2016年第17卷，第142—143页。

④ 李德顺：《公平是一种实质正义——兼论罗尔斯正义理论的启示》，《哲学分析》2015年第5卷第6期，第83—93页。

⑤ 夏纪军：《公平与集体行动的逻辑》，上海人民出版社2013年版，第1—59页。

能够判断出对于公平的定义具有一些共同的出发点和核心意蕴，即公平意味着付出与回报相匹配，权利与义务相一致，起点与结果相协调。

二　不同学科对环境公平的界定及启示

20 世纪 70 年代，美国的一些维权组织发现不同群体或阶层在环境保护与承担环境灾害风险中存在不公平现象。1982 年，美国的北卡罗来纳州的瓦伦县，由一些黑人和少数族群发起的，旨在反对在他们生活的地区建立有毒垃圾填埋场的民权运动，标志着美国环境正义运动的兴起，并逐渐引起社会的重视。瓦伦县主要聚集了美国的低收入白人群体和非裔美国人，由于政府要在该地区建立聚氯联苯废料的填埋场，遭到了他们的联名抵抗。这场抗议活动最终演变为一场全国范围的对环境不公平的抵制运动，很多知名人士也相继参与进来，美国政府为此调整了之前的环境政策。经过各方努力，环境保护工作组于 1992 年宣告成立，并适时公布"环境公平"报告。报告承诺政府会保证不同社会经济地位、不同群体在环境权益分配和承担环境风险上的一致性和公平性，且认为少数民族群体和低收入群体在有害废弃物处置、废水污染、空气污染等方面确实承担了更多的环境风险[①]。

环境公平有多种概念内涵，不同的学者分别从不同的学科对其概念加以界定，包括社会学、法学、生态学及环境科学、环境政治学、经济学等学科。

（1）社会学方面的含义

从社会学角度解读环境公平概念具有两个层面含义，一是每个人都有享受优质环境且免受有害环境伤害的权利；二是人们在保护环境与破坏环境方面具有权责统一的特点。为此，应该把社会学意义上的概念与另外两个意义上的概念区别开来，社会学意义上的环境公平强调全社会保障个人和群体的环境权益的重要性，与之区别的是程序（或制度）层面的环境公平与区域层面的公平，制度层面的公平强调的是规则与标准

---

① Hartley T. W. , "Environmental Justice – an Environmental Civil-Rights Value Acceptable to All World Views", *Dissertations & Theses – Gradworks*, Vol. 17, No. 3, 1995, pp. 277 – 289.

的适用性问题，即同样的境遇需要平等的待遇，每个人具有同等的环境参与权与知情权。区域层面的公平强调付出与所获具有对等性，而环境不公平在此表现出从环境资源中获得收益的一方与环境资源承担成本的一方不是同一个区域或者社区。Bullard[1] 指出美国社会存在环境种族主义倾向，以黑人为代表的弱势群体在环境决策权上被不公平对待，黑人社区在污水处理厂以及垃圾填埋场的选址等方面成为受害者。社会学把环境公平问题的分析从人与自然相互关系不协调转移到分析人与人相互关系的不和谐，这种人与人之间的不和谐日益成为环境问题加剧的主要因素。因为人与自然之间的关系是建立在时强调人与自然的和谐相处问题，认为人与自然的和谐相处是环境公平分析的逻辑起点也是社会公平的重要体现。所以概括来讲，从社会学角度定义环境公平，强调不同社区之间以及社会群体之间不论财富、地位、阶层与种族不同在承担环境风险与环境灾害方面应该具有平等性和共同性，即主要强调在承担环境风险和治理环境污染的时候，每一个都应该承担相同的责任和义务。Stretesky[2] 认为一个社区中的所有人，不论社会经济地位、受教育程度、种族、肤色等，对环境污染所带来的不利影响和环境风险，应该承担同样的责任。

（2）法学方面的含义

环境法学方面，强调在执行环境规章、制度和制定环境政策时，不同社会群体的公平待遇问题。为此，美国环境保护署对环境公平定义为：全体国民，不受经济地位、教育水平、所在族群及国籍的差异影响，在遵守环境保护法律，执行环境保护义务方面，应该受到平等对待。1997年环境公平的国际学术会议在墨尔本召开，强调应该尽量避免因为不平等的关系而引起地区之间、国家之间以及世代之间的环境不公平[3]。Eck-

----

①　Bullard R. D. , "Waste and racism: A stacked deck", *Forum for Applied Research & Public Policy*, Vol. 8, 1993, p. 1.

②　Stretesky P. , Hogan M. J. , "Environmental justice: An analysis of Superfund sites in Florida", *Social Problems*, Vol. 45, No. 2, 1998, pp. 268 – 287.

③　Dobson A. , *Justice and the Environment: Conceptions of Environmental Sustainability and Theories of Distributive Justice*, Oxford University Press, 2002.

erd A. ① 分析不同种族或民族在社区特权和区域位置选择等方面表现出的环境不公平。相关学者②把环境公平视为一种法律权利，认为每个人都享有健康权和福利权，注重在实践中建构环境道德范式，强调各主体在环境资源使用和保护上享有平等权利和义务。从法学伦理上讲，环境人道主义、环境分配、环境权益等方面的公平，是环境公平的重要意蕴③。从法理学角度对环境公平内涵作了概括，包括人人享有平等环境权利和义务，注重环境公平权利的研究④。Bryant⑤ 对环境公平的定义以社区生活为重点，认为公正首先体现在人人都能在环境良好、治安稳定、生活富足的可持续社区中生活的规章、制度和生活规范等，环境公平包括健康的生活环境、体面有酬的工作、充足的医疗卫生保障、全面的教育、舒适的住房、参与权和知情权、民主决策等。

（3）生态学及环境科学方面的含义

生态学和环境科学方面，强调自然资源使用和环境保护及承担环境责任方面的公平性。Scandrett⑥ 关注代内和代际在生态环境、生态健康以及对自然资源的共享等方面的公平性，认为环境公平要确保人人都能公平地分享地球上的资源、享有健康的环境，并强调对当前环境不公正受害者的关注。甘绍平⑦基于生态伦理学研究视角认为人们在利用环境资源时要注重可持续性，强调环境公平的代际公平与代内公平。王凤珍等⑧从人类环境中心出发，认为由于人类失范行为导致环境不同程度的环境危

①　Eckerd A. ，Kim Y. ，Campbell H. E. ，"Community Privilege and Environmental Justice：An Agent-Based Analysis"，*Review of Policy Research*，2016.

②　蒋亚娟、陈泉生：《环境法学基本理论》，中国环境出版社 2004 年版，第 214 页。

③　蔡守秋：《环境公平与环境民主——三论环境资源法学的基本理念》，《河海大学学报》（哲学社会科学版）2005 年第 3 卷第 7 期，第 12—18 页。

④　Andrew Dobson，*Justice and the Environment*：*Conceptions of Environmental Sustainability and Theories of Distributive Justice*，Oxford：Oxford University Press，1998，pp. 63 – 84.

⑤　Bryant B. I. ，*Environmental Justice* ：*Issues*，*Policies*，*and Solutions*，Island Press，1995.

⑥　Scandrett E. ，Dunion K. ，Mcbride G. ，"The Campaign for Environmental Justice in Scotland"，*Local Environment*，Vol. 5，No. 4，2000，pp. 467 – 474.

⑦　甘绍平：《应用伦理学前沿问题研究》，江西人民出版社 2002 年版。

⑧　王凤珍等：《重建类本位的环境人类中心主义生态伦理学》，《自然辩证法研究》2006 年第 10 卷，第 11 页。

机出现，最终引发不同人与自然环境的矛盾出现，导致不同群体间的环境不公平。生态伦理下的环境公平强调人与自然之间、人与人之间的环境资源配置公平，更加注重代际之间、代内之间的环境公平。

（4）环境政治学方面的含义

随着工业技术的发展，大量的环境破坏事件频发，人们对环境问题的关注程度日益提高。环境政治学从大量自发组织抗议活动中应运而生，主要关注人们有序参加环境治理，环境政策制定的过程①。环境政治学认为由于大量的环境污染问题导致区域生态环境不断恶化，致使人们参与环境治理过程的积极性不断高涨。在这个过程中，环境政治学强调人们有平等的环境治理参与权，参与环境整治和重建过程。一些学者认为，要从根本上消除环境不公平，需要每个人都贡献自己的力量，减少整个世界人类活动对环境的影响，强调环境保护的公众参与。对于环境公平，众多组织、机构和学者对其均作过定义。美国环保署（EAP）是其中的代表，该组织认为环境公平就是在环境政策制定和执行过程中，不同的社会个人群体无论阶层、收入水平以及文化信仰都应该积极参与平等对待②。

（5）经济学方面的含义

从经济学视角分析环境公平，认为人人都有平等而不受侵害的享有健康和福利的环境权利，在保证环境净福利为正的情况下，进行生态受损补偿，做到各区域间承受的环境分析与环境成本对等，实现代际公平与可持续发展。③ 同时，无论个人或者集团不得被迫承担与其行为结果不对等的环境污染的后果。钟茂初、闫文娟等认为，环境公平的基础存在着"卡尔多－希克斯标准"与"戴维斯－诺斯标准"，前者注重总体的收益剩余，即"集体效率的目标"实现即意味着公平；后者注重每个行为主体的成本收益达到均衡，而不是总体或者整体的均衡。

---

①　刘海霞：《环境问题与社会管理体制创新—基于环境政治学的视角》，《生态经济》2013 年第 2 卷，第 41—43 页。

②　李奕：《美国环境公正立法探析》，硕士学位论文，湖南师范大学，2006 年。

③　吕力：《论环境公平的经济学内涵及其与环境效率的关系》，《生产力研究》2004 年第 11 卷，第 17—19 页。

以上是不同学者基于不同的学科背景，对环境公平做的定义。由于引起环境问题的因素多种多样，从不同学科对此的解读，既有各自学科的偏向，更多的是不同学科融合基础上的定义，各个学科的定义为本书界定环境公平有很多有益的启示。本书是基于沙漠化防治中的环境公平研究，注重从生态经济学视角分析环境公平，因此，参考不同学科的研究论述以及钟茂初、闫文娟等①研究成果，可以对环境公平作以下归纳：一是各个经济参与体从生态环境中获得的收益均等；二是各个经济参与体在环境遭到破坏时所承担的风险和成本均等；三是各个经济参与体参与经济活动过程中，从生态环境获得收益与承担成本对等，且收益与风险的承担者主体一致；四是各个经济参与体承担的环境治理责任与其经济行为以及所处的经济社会发展现状相适应。本书对环境公平界定如下：生态环境具有外部性，各受益体在生态环境中获得的收益对等，各个受益体在生态系统破坏中承担的成本对等，各个受益体在生态工程（包括：自然资源保护区、生态治理工程等）建设中获得的收益与承担的风险、成本对等，从生态工程建设中获得效益的受益体与承担生态工程建设的主体一致。

第二节　环境公平相关综述

一　代内环境公平分析

国外学者从两个方面研究环境公平：一是不同的人口特征、不同的经济社会地位使得环境风险在不同的人群中分布不公平，二是不同国家、区域受环境风险的影响不公平。

（1）不同群体之间环境不公平的研究

在影响环境不公平问题的主要因素方面，DG Payne 和 RS Newman② 研究了一个地区危险废弃物的处理、处置和分布与这个地区

---

① 钟茂初、闫文娟、赵志勇等：《可持续发展的公平经济学》，经济科学出版社 2013 年版，第 1—64 页。

② Payne D. G. , Newman R. S. , *United Church of Christ Commission for Racial Justice*, The Palgrave Environmental Reader, Palgrave Macmillan US, 2005.

种族结构的关系，认为不同族群存在歧视是造成环境不公平的重要因素。Briggs[1]等人的研究表明，环境不公平与犯罪、生活环境和健康等偶然因素的相关性大于与收入、就业和教育等因素的相关性。也有学者认为经济收入与环境公平有较强烈的相关性[2]，还有学者认为族群与经济收入对环境不公平影响显著[3]，还有部分学者认为两者都不重要[4]。总之，在对不同群体、不同阶层间环境不公平问题的研究上，大多数学者认为少数民族、低收入群体、老年人以及儿童等弱势群体会承受更多的环境风险。在引起环境风险的污染物方面，不同社会群体之间出现环境不公平的污染源主要来自：车辆排放的烟尘和有害气体[5]、工业排放的废弃物[6]、电磁辐射、氡污染和废水污染。

在解释不同群体之间环境不公平的原因方面：Rachel Morello-Frosch[7]对美国大都市区空气毒性与住宅隔离和癌症风险之间的关系研究中，指出种族隔离使住房市场上一些黑人和少数群体受到社会经济、环境卫生等多方面的不公平性，他们被限制在城市中一些不

① Briggs, D. J., Fecht, "Small-area associations between socio—economic status and environmental exposures in the uk: implications for environmental justice", *Epidemiology*, Vol. 16, No. 5, 2005, p. S69.

② Asch P., Seneca J. J., "Some Evidence on the Distribution of Air Quality", *Land Economics*, Vol. 54, No. 3, 1978, pp. 278 – 297.

③ Hamilton J. T., "Testing for environmental racism: Prejudice, profits, political power?", *Journal of Policy Analysis and Management*, Vol. 14, No. 1, 1995, pp. 107 – 132.

④ Bullard R. D., "Solid waste sites and the black Houston community", *Sociological Inquiry*, Vol. 53, No. 2 – 3, 1983, pp. 273 – 288.

⑤ Chakraborty J., "Evaluating the environmental justice impacts of transportation improvement projects in the US", *Transportation Research Part D Transport & Environment*, Vol. 11, No. 5, 2006, pp. 315 – 32.

⑥ Perlin S. A., Sexton K., Wong D. W., "An examination of race and poverty for populations living near industrial sources of air pollution", *J Expo Anal Environ Epidemiol*, Vol. 9, No. 1, 1999, pp. 29 – 48.

⑦ Morello-Frosch R., Jesdale B. M., "Separate and unequal: residential segregation and estimated cancer risks associated with ambient air toxics in U. S. metropolitan areas", *Environmental Health Perspectives*, Vol. 114, No. 3, 2006, pp. 386 – 393.

受欢迎的地区，并导致癌症风险的增加。Laurian[①] 总结了法国环境不公正存在的主要原因：一是为了降低居住和生活成本，城市中最贫困的社会群体往往生活在恶劣的环境条件中，而那些能够负担得起高房价的群体则会选择更好的居住环境。二是现行法律实施的不公平，较富裕的社区在行使权力上有更多的优越性，他们能更好地要求执行环境标准，公共机构在执行法律的时候更倾向于富人和白人社区。三是历史原因，由于工业发展的需要，一些临近工业的社区往往集中在交通网络附近；Higginbotham N[②] 在研究空气污染和环境不公正两者关系问题上，指出为了获取经济效益，政府和企业之间形成相互依赖的关系，以至于政府在解决居民健康问题和环境问题上缺乏政治意愿、监管机构的惯性以及程序的不公正。

（2）不同地域之间环境不公平问题研究

空间视角研究环境不公平方面，研究主要集中在发达国家环境污染的转移、环境和发展之间的优先性、发达国家和发展中国家在面临环境责任分配时的不对称等问题。

BR Copeland 和 MS Taylor[③] 提出"污染避难假说"。更高收入的国家会选择更高标准的环境保护政策和执行更高的污染治理标准，专门从事相对清洁的产品，导致发达国家污染产业成本的上升；欠发达国家或地区具有较宽松的环境规制，为发达国家将污染企业转移提供了便利，得出世界污染的增加是随着自由贸易的增多而产生的。对于自然资源保护和环境与发展之间的优先性问题，由于发展阶段和现实原因，发展中国家必然坚持发展的优先性，却被发达国家认为是不顾一切谋发展和缺乏长远目光。发达国家虽然不至于把保护环境放在第一位，但是它们在环

---

① Lucie Laurian, "Environmental Injustice in France", *Journal of Environmental Planning and Management*, Vol. 51, No. 1, 2008, pp. 55 – 57.

② Higginbotham N., Freeman S., Connor L., et al., "Environmental injustice and air pollution in coal affected communities, Hunter Valley, Australia", *Health & Place*, Vol. 16, No. 2, 2010, pp. 259 – 266.

③ Copeland B. R., Taylor M. S., "North-South Trade and the Environment", *Quarterly Journal of Economics*, Vol. 109, No. 3, 1994, pp. 755 – 787.

境保护的问题上往往要求发展中国家的"一致行动"，这种所谓的"一致行动"往往被当作贸易保护主义的"保护伞"。

从环境责任出发，欠发达国家认为不能忽视污染排放的历史不平等问题[①]，认为发达国家处理问题时做到协调与补充，而不是一味地强调"一致性"；发达国家更强调现在和将来经济发展对环境保护的效率问题，而且往往回避保护成本高且主要由它们负责的部分。比如在二氧化硫的排放问题上，发达国家应该负主要责任，尽管相关学者不断强调二氧化硫对环境污染的危害性，但是因为治理成本高，发达国家还是尽量将其淡化，反而在生物多样性的保护问题上大做文章，因为全球生物大多分布在南半球，与发达国家的关系并不紧密，它们的呼声却很高。又如在全球气候变化的问题上，发展中国家认为在保护环境的前提下，发展是第一要义。因为对于发展中国家，生存永远是第一位的，而且发展和保护并不存在根本矛盾，在一定程度上发展可以促进资源利用率的提高，有助于促进发展中国家环保水平和科技竞争力的提升。而发达国家却认为应该在保证整体福利最大化的前提下，保证全球温室气体排放的最小化[②]。Bert Morrens[③] 分析了环境治理中的关于公平的法律规范性问题，认为在"巴黎协定"框架下环境治理的公平性包含各个国家的责任和承担必要的费用，但是环境公平并没有得到彻底解决。

国内针对环境公平研究起步比较晚，研究的视域多集中在区域间、社会治理和政府责任等方面。卢淑华[④]指出社会环境不公平与社会阶层有着显著相关性，具体说来阶层较高或者高级干部居住严重污染的风险会

---

① Achanta A. N. , "The climate change agenda: an Indian perspective", *Fuel & Energy Abstracts*, Vol. 36, No. 6, 1993, pp. 458 –458.

② Ikeme J. , "Equity, environmental justice and sustainability: incomplete approaches in climate change politics", *Global Environmental Change*, Vol. 13, No. 3, 2003, pp. 195 –206.

③ Bert Morrens, Elly Den Hond, Greet Schoeters, et al. , "Human biomonitoring from an environmental justice perspective: supporting study participation of women of Turkish and Moroccan descent", Vol. 16, 2017.

④ 卢淑华:《城市生态环境问题的社会学研究—本溪市的环境污染与居民的区位分布》,《社会学研究》1994 年第 6 卷, 第 32—40 页。

显著低于一般阶层居住严重污染的风险。王慧[①]指出市场机制主导下的环境规章制度会导致污染转移到低收入群体，引发低收入群体的环境公平权利缺失。闫文娟[②]指出中国经济发达的东部和西部地区之间环境不公平已经引起学界关注。区际间的环境公平研究大多集中在不同区域间环境治理和环境保护责任和义务划分等方面，基本与中国目前区域间经济差距相联系起来。

环境不公平产生的重要方面来源于政府环境责任缺失，蔡文[③]指出地方政府环境责任意识不强、寻租行为、选择偏好等原因导致地方区域间，内部行业、阶层、城乡间环境不公平，最终导致区域间差距拉大。易波等人[④]基于法律视角，认为地方政府生态防治中存在的政府失灵，主要原因是环境规制失灵，体现在权力分配不均和受益不均。洪大用[⑤]基于社会治理视域，认为保证每一个个体环境公平的权利是社会健康和谐的标志。王芳等[⑥]认为在社会转型的关键时期，环境不公平会引发社会动荡，不利于社会的和谐。提出构建与发展水平相适应的基本环境服务体系，以提升环境基本公共服务的整体水平。

二 代际环境公平分析

代际环境公平也称代际公平，研究的是不同世代之间在环境收益的分配、环境风险的承担和环境责任分担等方面能否体现公平问题。这一

① 王慧：《我国环境税研究的缺陷》，《内蒙古社会科学》2008 年第 4 卷第 28 期，第 97—100 页。

② 闫文娟：《区际间环境不公平问题研究》，博士学位论文，南开大学，2013 年，第 29—33 页。

③ 蔡文：《环境公平视角下的地方政府环境责任研究》，《法学杂志》2011 年第 1 卷，第 13—15 页。

④ 易波、张莉莉：《论地方环境治理的政府失灵及其矫正：环境公平的视角》2011 年第 9 卷，第 121—123 页。

⑤ 洪大用：《环境公平：环境问题的社会学视点》，《浙江学刊》2001 年第 4 卷，第 67—73 页。

⑥ 王芳等：《环境公平问题与社会管理创新》，《安徽师范大学学报》（人文社会科学版）2012 年第五卷，第 577—583 页。

概念是可持续发展概念的核心理念与衡量标准之一。Page[①] 基于社会选择与公平分配理论，认为对于自然资源与生态环境每一代人都有平等的开发利用的权利，提出代际公平的理念，认为代际之间的福利与分配问题应该由多代人的多数进行决策并作出选择。Weiss[②③] 对该代际公平理论作了进一步的阐述与发展，提出"托管"的概念，认为地球资源应该在代际之间进行不间断托管，每一代人都是后代人的资源托管人，而实现代际公平的基础是：代际权利平等、代际合理储备等原则。Pearce[④] 提出代际公平的一个可持续指标，即资源的资本存量整体处于不下降状态，保证当代人福利提升的同时不降低后代人的利益。李春晖等[⑤]认为环境的代际公平对于一个区域来讲，是该区域可持续发展的准则，包含三个方面的内涵：一是规则公正，二是代际之间的分配公正，三是代际之间环境补偿的实现程度。段显明等[⑥]认为代际公平是可持续发展的核心概念，涵盖代际之间权利与机会、财富与福利、资源与环境以及资本等的公平。因此，代际公平可以理解为，资源在代际之间能够公平配置，环境责任在代际之间实现公平的承担，使得环境质量可持续维持，生物多样性得以可持续保持，良好的生态环境在世代之间可持续的传递。

在代际公平测算与评估方面，学界主要研究在操作层面存在的困境与解决路径。

（1）代际公平关于贴现率的研究分析

代际公平量化分析的一个重要工具就是贴现率分析。在贴现率的分

---

① Page T. , *Conservation and Economic Efficiency*：*An Approach to Material Policy*，Baltimore，Maryland：The Johns Hepkin University Press，19.

② Weiss E. B. , "The Planetary Trust：Conservation and Intergenerational Equity"，*Ecology Law Quarterly*，Vol. 11，No. 4，1984，p. 495.

③ 爱蒂丝·布朗·魏伊丝：《公平地对待未来人类：国际法、共同遗产、世代公平》，汪劲、于方、王鑫海译，法律出版社 2000 年版，第 64—65 页。

④ Pearce D. W. , "Capital Theory and the Measurement of Sustainable Development：An Indicator of 'Weak' Sustainability"，*Ecological Economics*，Vol. 8，No. 2，1993，pp. 103 – 108.

⑤ 李春晖、李爱贞：《环境代际公平及其判别模型研究》，《山东师范大学学报》（自然科学版）2000 年第 1 期，第 64—65 页。

⑥ 段显明、林永兰、黄福平：《可持续发展理论中代际公平研究的述评》，《林业经济问题》2001 年第 1 卷第 21 期，第 58—61 页。

析中，学界多使用以下效用函数方程：[①]

$$U(C) = \frac{C^{1-\eta}}{1-\eta} \qquad (2-1)$$

其中，$U(C)$ 是效用，C 是成本，η 是函数的曲度值，在此基础上，建立了 Ramaey equation（拉姆齐方程）：

$$r = \rho + \eta g \qquad (2-2)$$

其中 r 为贴现率，ρ 为时间偏好率，g 人均消费量。

表 2-1　　　　　　　　　　五种代表性折现率的比较[②]

类型	计算方法	关注重点	适用范围	原则
经验折现率	描述性方法	客观事实	时间跨度较短，一般小于 30 年	—
单一折现率	指令性方法	代际公平	人造资本和资源环境间不完全替代；难以量化市场物品影响和环境影响	弱可持续
零折现率	指令性方法	代际公平	人造资本和资源环境间无法替代	强可持续
双重折现率	指令性、描述性方法	客观事实、代际公平	人造资本和资源环境间不完全替代；可以量化市场物品影响和环境影响	弱可持续
多重折现率	指令性、描述性方法	客观事实、代际公平	人造资本和资源环境间不完全替代；可以量化市场物品影响和环境影响	弱可持续

John Weyant[③] 认为随着技术的创新和后代价值追求偏好的不确定性，传统的贴现率在评价涉及长期环境政策时不利于代际公平，认为应该综合考虑政治的、预期偏好的折现率。Germain[④] 分析了一种基于拉姆齐经

---

① 白瑞雪：《生态经济学中的代际公平研究前沿进展》，《社会科学研究》2012 年第 6 卷，第 11—15 页。

② 马贤磊、曲福田：《成本效益分析与代际公平：新代际折现思路》，《中国人口·资源与环境》2011 年第 8 卷第 21 期，第 22—28 页。

③ Weyant J. P. , Portney P. R. , *Discounting and Intergenerational Equity*, 1999.

④ Germain M. , "Optimal Versus Sustainable Degrowth Policies", *Ecological Economics*, Vol. 136, 2017, pp. 266 - 281.

济增长模型中的自然资源利用和环境污染问题，认为基于最优准则或者代际公平准则通过对自然资源征税可以在减少生产和污染的同时增加福利。代际公平是当代人对后代人的权利与利益的保护，是代际之间责任与义务的传承与传递，具有连续性，贴现率的高低与投资增长以及环境损益有很强的相关性，贴现率越低越利于投资如表 2 - 1 所示。

（2）代际公平关于帕累托改进的问题分析

在分析代际公平计算方法时，除使用折现率之外，帕累托改进具有综合性的比较优势得到学界广泛关注。Basu[1] 认为在没有连续的社会福利情况下也可以实现代际公平的帕累托改进。Stavins[2] 认为可持续发展意味着动态效率下的代际公平，在资源利用的动态效率基础上进行代际补偿，有利于实现卡尔多 - 希克斯效率和帕累托改进，有利于实现代际公平。Piacquadio[3] 研究了自然资源跨代配置的平均主义方式，认为跨代分配公平与帕累托原则相冲突，代际公平的困境是资源分配中存在长期与短期如何进行公平取舍的问题。Hoberg[4] 认为代际公平的两个目标是帕累托效率和可持续性，并基于两个因素：时间的不可逆性、目前行为的未来后果的不确定性建立了两种非世代交叠模型，帮助决策制定者决策时在帕累托效率与可持续性之间取得均衡。

在分析代际公平可操作性方面，也有学者认为由于伦理偏好的存在，在无限效用认知上进行完全的、可传递的、不变的且遵守帕累托改进的排序是无法完成的。基于此，代际公平是不具有可操作性的[5]。在引入扩展的未来协议概念后，把有限的时间扩展到无限时间跨度，再进行明确

---

①　Basu K. , Mitra T. , " Aggregating Infinite Utility Streams with Intergenerational Equity: The Impossibility of Being Paretian" , *Econometrica* , Vol. 71 , No. 5 , 2003 , pp. 1557 - 1563.

②　Stavins R. N. , Wagner A. F. , Wagner G. , " Interpreting sustainability in economic terms: dynamic efficiency plus intergenerational equity" , *Economics Letters* , Vol. 79 , No. 3 , 2004 , pp. 339 - 343.

③　Piacquadio P. G. , " Intergenerational egalitarianism" , *Journal of Economic Theory* , Vol. 153 , No. 2 , 2014 , pp. 117 - 127.

④　Hoberg N. , Baumgärtner S. , " Irreversibility and uncertainty cause an intergenerational equity-efficiency trade-off" , *Ecological Economics* , Vol. 131 , 2017 , pp. 75 - 86.

⑤　Zame W. R. , " Can intergenerational equity be operationalized?" , Vol. 2 , No. 2 , 2007 , pp. 187 - 202.

的排序，即为变相的强帕累托改进。[1] Padilla[2] 在分析代际公平传统经济分析方法局限性的基础上，提出代际公平应考虑三个方面的因素：一是考虑未来的成本收益，二是考虑可持续的发展要求，三是建立一个制度体系，加强在决策过程中承认未来人的权利。

综上所述，不同领域的环境公平问题引起诸多学者的广泛关注，研究领域大多数学者从区际、社会治理、政府责任等方面展开，研究视角多从环境客体出发，探析环境公平，一般采用分析比较方法，在分析环境不公平的原因时，认为国家间的环境不公平是由于国家间的经济发展差距造成的，发达国家在资金、技术等方面的优势造成发展中国家过多承担环境风险和成本，区域间的环境不公平是由于经济发展的不均衡性造成的经济发展梯度差距，微观个体间环境不公平的原因是财富分配不平等决定的微观个体在环境效用实现程度不同。代际公平方面，应该满足以下三个要素：一是要使自然资源和生物多样性得到保存和延续，使每代人都有机会均等地权利使用这些资源；二是每一代人均有义务保护好环境，使环境即使不变好也不至于变坏；三是每代人都有平等地继承和使用前代人遗产的权利。

第三节　土地沙漠化防治相关研究的阐述

一　土地沙漠化现状及相关研究进展

20 世纪 60—70 年代非洲"Sahel"地区产生严重的沙漠化趋势，生态环境急剧恶化，进而引发政局不稳，生态难民涌现，社会经济发展严重倒退，引发世界广泛关注。1975 年联合国提出遏制沙漠化的行动计划，1977 年召开了内罗毕荒漠大会。此后"联合国荒漠化公约"于 1994 年签订，在全球引起了对荒漠化问题的重视，把沙漠化研究的推向新的高度。世界各国开始对沙漠化防治进行专门研究，研究的主要内容主要集中在

---

[1]　Sakai T., "Intergenerational equity and an explicit construction of welfare criteria", *Social Choice & Welfare*, Vol. 35, No. 3, 2010, pp. 393–414.

[2]　Padilla E., "Intergenerational equity and sustainability", *Ecological Economics*, Vol. 41, No. 1, 2002, pp. 69–83.

沙漠化生物学防治和工程防治领域。

沙漠化防治最初采用生物学的方式。20 世纪 30 年代，美国中西部开展了大规模的农业开发，由于人为与自然的原因，出现了土壤风蚀现象，进而生态环境开始衰退，环境灾害时有发生，美国政府开始重视研究并实施针对沙化区退耕还草的沙漠化防治方法，并专门在农业部成立水土保持局。美国早期的相关专家着重针对草原植被退化开展生态恢复的演化模拟，并使用生物方法进行大规模沙漠化治理。随着沙漠化的恢复机理研究逐渐得到重视，恢复生态学逐渐发展，沙漠化的恢复研究在各国相继展开，相关研究集中在退化生态系统的恢复重建、沙漠化地区生态群落的适应性和动态平衡、沙漠生态过程的能量与尺度转换等①。开始定量实验和过程模拟沙漠化地区的生物恢复过程。

20 世纪 30 年代，苏联防治沙漠化的过程中采用工程防治与生物方式相结合的方式。同时期，世界其他地方，采用多种防风固沙办法治理交通沿线以及能源资源基地的风沙问题，效果明显②。随着研究的深入开展，对沙漠化防治的研究从刚开始注重强度治理与自然修复，逐渐开始研究土地的生态承载力与环境的容纳限量，强度开发与保护并重，秉承"适度干扰"等理论。并在此基础上逐步形成完善保育生物学与恢复生态学等系列学科。把沙漠化当作一个严重的社会—经济—环境问题，并结合物理、生物、化学、经济和环境等学科，进行多学科交叉融合研究③。

截至 2014 年，我国 27.2% 的国土面积是沙漠化土地，共计 26115.93 万公顷，其中有 5346.69 万公顷为极重度沙漠化土地。全国 18 个省、直辖市、自治区，528 个县存在不同程度的沙漠化土地，集中分布在蒙新高

---

① Tucker C. J., Newcomb W. W., "Expansion and contraction of the sahara desert from 1980 to 1990", *Science*, Vol. 253, No. 5017, 1991, p. 299.

② Reynolds JF; Smith DM; Lambin EF; Turner BL 2nd; Mortimore M; Batterbury SP; Downing TE; Dowlatabadi H; Fernández RJ; Herrick JE; Huber-Sannwald E; Jiang H; Leemans R; Lynam T; Maestre FT; Ayarza M; Walker B. Global Desertification：Building a Science for Dryland Development [J]. Science, Vol. 316, No. 5826, 2007, pp. 847 – 851.

③ Babaev A. G., Desert problems and desertification in Central Asia：the researches of the Desert Institute. [M] // Desert problems and desertification in Central Asia：the researches of the Desert Institute. Springer，1999.

原,青藏高原等区域。涵盖内蒙古大部、黄河以东地区、宁夏北部、河西走廊以及新疆吐鲁番盆地、准格尔盆地、塔里木盆地等区域。上述区域成为我国土地沙漠化防治的主战场[①]。我国最早开始沙漠化防治可以追溯到1958年的全国第一次治沙会议,标志着我国开始重视沙漠问题并投入大量人力、物力和财力进行防治[②]。国内土地沙漠化防治分析主要从青藏高原、新疆、宁夏、甘肃河西走廊以及内蒙古黄河以东开展综述。

(1) 青藏高原沙漠化防治

西藏国土总面积的17%为沙漠化土地,共计1997万公顷,主要分布在那曲地区、日喀则地区、"一江两河"区域[③]。李森等[④]指出西藏沙漠化土地沿河谷走向呈带状分布连续分布在江心洲、河漫滩、河流阶地等位置,并指出沙漠化产生的制度和人为因素,并从人口、护林体系、能源等方面提出解决西藏土地沙漠化的方式方法。

董玉祥等[⑤]指出土地沙漠化是自然因子和人为因子交织在一起共同的结果,气候变化是西藏土地沙漠化最主要的驱动力。他认为西藏土地沙漠化防治应主要依靠自然恢复和人工培育植被,改革土地利用方式,科学利用土地资源;划分科学合理的类别,因地制宜开展沙漠化防治工作。对西藏高原沙漠化治理主要集中在生态足迹[⑥]、生物产量[⑦]、遥感监测[⑧]等方面。

---

① 国家林业局全国第五次沙漠化防治公报,2014年版。

② 马兴旺:《干旱区沙漠化土地治理与保护性耕作》,《新疆农业科学》2004年第3卷第41期,第138—142页。

③ 董玉祥:《西藏自治区土地沙漠化防治及其工程建设问题研究》,《自然资源学报》2001年第2卷第16期,第145—161页。

④ 李森、董光荣、董玉祥、金炯、刘玉璋:《西藏"一江两河"中部流域地区土地沙漠化防治目标、对策与治沙工程布局》,《中国沙漠》1994年第2卷,第55—63页。

⑤ 董玉祥等:《藏北高原土地沙漠化现状及其驱动机制》,《山地学报》2001年第5卷,第385—391页。

⑥ 刘毅华、甘明超:《西藏土地沙漠化形成机制的生态足迹分析》,《中国沙漠》2006年第3卷,第461—465页。

⑦ 魏兴琥、杨萍、李森等:《西藏沙漠化典型分布区沙漠化过程中的生物生产力和物种多样性变化》,《中国沙漠》2005年第5卷,第663—667页。

⑧ 段英杰、何政伟、王永前等:《基于遥感数据的西藏自治区土地沙漠化监测分析研究》,《干旱区资源与环境》2014年第1卷第12期,第55—61页。

（2）新疆土地沙漠化治理

从地域上分，新疆沙漠化土地主要集中在塔里木盆地和准格尔盆地。从区域上分，主要集中在昌吉、巴州、阿克苏、和田、喀什等地区。新疆土地沙漠化的主要原因是土地发育和自然气候因素，大风天气频繁。在土地沙漠化治理中对整个流域上下游合理布局基础上，依靠节水技术提高灌溉面积，通过技术革新提高灌溉作物的产量。同时加强全流域的技术监管与行政管理力度，确保全流域生态用水[①]。其次，依靠"三北"防护林工程，提高工程质量和效益。童玉芬等[②]指出塔里木河土地沙漠化成因是人口增长导致干流上游开垦荒地面积增大，农业用水上升导致干流和下游来水量减少，引发下游土地沙漠化。阿力木江·牙生等[③]将新疆沙漠化防治区进行划分，共分三个级别，其中一级区 2 个，二级区 7 个，三级区 22 个。李诚志等[④]运用 21 世纪前十年的 MODIS NDVI 数据分析了气候变化对新疆土地沙漠化的影响，认为新疆土地沙漠化呈现整体趋缓、局部加强的态势，新疆水资源的变化对沙漠化影响显著。新疆土地沙漠化治理核心在于保证流域生态用水，合理控制下游地下水位，按照流域划分，科学治理沙漠化土地。彭保华等[⑤]认为，新疆土地沙漠化防治中应结合沙产业协同开展，促进经济与环境治理协同发展。

（3）甘肃省河西走廊

目前，甘肃省有 1950.20 万公顷荒漠化面积，比第 4 期检测荒漠化土地减少 19.14 万公顷。其中沙化土地面积为 1217.02 万公顷，比第 4 期检测沙化土地总面积减少 7.42 万公顷。全省荒漠化土地面积呈现减少趋势，

---

① 周兴佳：《新疆绿洲的沙漠化灾害及减灾措施》，《自然灾害学报》1994 年第 4 卷第 3 期，第 77—85 页。

② 童玉芬、吴彩仙、王渤元：《新疆塔里木河流域人口增长、水资源与沙漠化的关系》，《人口学刊》2006 年第 1 卷，第 37—40 页。

③ 阿力木江·牙生、蓝利、程红梅等：《新疆沙漠化防治区划及分区防治技术与模式》，《干旱区地理》（汉文版）2010 年第 3 卷第 33 期，第 353—362 页。

④ 李诚志、张燕、刘志辉：《新疆地区沙漠化对气候变化的响应与治理对策》，《水土保持通报》2014 年第 4 卷第 34 期，第 264—265 页。

⑤ 彭保华、刘维忠：《新疆沙漠产业与沙漠化治理协同发展中存在的问题及对策建议》，《农村经济与科技》2016 年第 6 卷第 37 期，第 12 页。

土地沙化趋势得到一定程度的遏制。2009—2014 年，甘肃省沙化面积减少 74200 公顷，河西走廊沙化面积减少 68446.2 公顷，沙化土地退化程度总体上呈减轻趋势，极重度和重度沙化土地呈现一定的减少趋势。但是，绿洲－荒漠过渡带生态依然脆弱，极易受到干扰使得介于沙化边缘地带的土地极易成为新的沙化土地。截至 2014 年，河西走廊沙化土地面积为 1166.5 万公顷，占甘肃省沙化总面积的 95.28%，河西走廊土地沙化问题成为甘肃省生态治理的难点。

胡智育[①]指出，河西走廊沙漠化成因主要是由破坏森林，导致祁连山水源涵养林遭受破坏，沙漠化土地增大的重要因素来自于人口的增长和耕地面积的扩大，认为为了防治土地沙漠化需要建设水涵养林以及科学规划河西走廊三大水系。倪国华等[②]基于"公地悲剧"理论，分析民勤县土地沙漠化的过程，提出民勤县宝贵且有限的水资源应该首先用于生态用水而非生产用水。刘新民等[③]提出农田内部营造小网格的护田阻沙林带建设，同时评估生态防护林体系的经济效益。韩兰英等[④]基于 MODIS 数据，分析认为河西土地沙漠化趋势得到逆转。丁文广等[⑤]认为过去 30 年河西走廊沙漠面积变化与年积温间的相关性不十分显著，和年降水量相关最大。河西区域的土地沙漠化经过多年的生态修复和治理，正在趋于逆转，然而荒漠和绿洲过渡带的沙漠化土地退化风险依旧很高。

综上所述，学界认为造成土地沙漠化的成因分析包括自然因素和人为因素两个方面，自然因素方面包括：气候干旱，气候异常和全球变暖

① 胡智育：《甘肃河西走廊农垦与土地沙漠化问题》，《经济地理》1986 年第 1 卷，第 65—69 页。

② 倪国华、郑风田、丁冬等：《绿洲农业、公地悲剧与土地沙漠化——以甘肃民勤县为例》，《西北农林科技大学学报》（社会科学版）2013 年第 3 卷第 13 期，第 2—16 页。

③ 刘新民、吴佐祺、王宏楼等：《甘肃临泽绿洲北部沙漠化防治的探讨》，《中国沙漠》1982 年第 3 卷第 2 期，第 9—15 页。

④ 韩兰英、万信、方峰：《甘肃河西地区沙漠化遥感监测评估》，《干旱区地理》2013 年第 1 卷第 36 期，第 131—138 页。

⑤ 丁文广、陈利珍、徐浩、许雯：《气候变化对甘肃河西走廊地区沙漠化影响的风险评价》，《兰州大学学报》（自然科学版）2016 年第 6 卷第 52 期，第 746—755 页。

等因素。人为因素包括：人口的急剧增长，经济的粗放式发展，滥垦滥伐、过度樵采以及水资源的不合理利用等。在沙漠化防治方面，从单纯的技术手段、工程手段、生物手段到后来结合当地生态环境的承载力，建设生态工程项目，科学规划水资源的调配，结合经济社会发展状况，综合防治土地沙漠化。

二　公共品及土地沙漠化防治综合效益的研究

根据 Devris 等人的考证，效益评价首先起源于中国，中国最早出现效益评价的雏形可以追溯到公元 3 世纪。19 世纪初，效益评估从中国通过苏格兰传向全世界，同期美国在军事管理中采用了效益评估。效益评价属于经济学和管理学的范畴，虽然起源于中国，但是在欧美澳逐渐发展和完善，受到各个国家、各个政府和官员的大力推荐，并被广泛应用于公务员考核、教育体系、资源环境等领域。20 世纪 40 年代，美国政府建立了政府绩效评估体系。到了 60 年代，美国政府提出绩效评估的重点不应只关注经济性，还要注重公平性、效率性和效果性，并尤其注重公平性的影响，后来增加了对自然环境和社会环境效益的评价。

英国政府实施效益评估相对于美国晚一些。国家审计署着重对各部门、各行业已有的评价指标进行效率性和经济性等评价，评价的方法多种多样，有问卷调查法、专家意见法、现场考察法、质性评价方法和运用数据进行统计分析等方法。目前英国应用比较广泛的是 2001 年国家运输与区域部提出的几个关键的效益评价指标，主要对各部门各行业的质量、经营绩效、满意度、成本和环保安全等进行评价。

西方学者从 20 世纪 90 年代，开始对效益评估进行系统研究。1988 年，《我们共同的未来》提出可持续发展的概念，世界各国开始意识到走可持续经济发展道路的重要性。尤其是作为环境保护的主要参与者企业，必须不断减少对环境的负面影响，对于环境效益的控制从开始的防治为主转向末端治理和高效管理。不管是国家、政府和企业都逐渐意识到环境治理效益评价的重要性，并且在理论发展与实践应用上对环境绩效的评价提供了多样的机会。

中国学者孙德祥等[1]最早提出沙漠化防治的综合效益评估，并从资源、生态、经济和社会等方面的效益出发构建了综合效益指标体系。利用 AHP 分析法确定在计算评价指数时所用到的各种评价指数。李波等[2]利用专家打分法研究生态工程对农户生计及生活的影响。孔忠东等[3]通过问卷调查的方式，分析农村、农户生产生活以及经济生活指标情况，建立综合生态效益测评模型：

$$N = \sum_{i=1}^{n} W_i R_i \qquad\qquad (2-3)$$

其中：N 为综合生态效益指数；W_i 为指标权重，R_i 为各生态类型指标的无量纲化数据矩阵。随着研究的深入，出现众多研究沙漠化治理工程效益的学者，研究范围涵盖政策绩效评估[4]、农户影响[5]、生态逆转效益评估[6]等方面，基本形成以生态治理政策、农户影响、生态退化逆转、绩效评估在内的沙漠化治理评估体系框架。

李彩红（2014）[7] 基于外部性理论认为生态保护区综合效益具有外溢性，并建立了外部性受益者的福利函数，参考韦惠兰等（2006）[8] 关于自然保护区综合效益评估方法，其外部性受益者的效用函数如下：

---

① 孙德祥、钱拴提、周广阔等：《宁夏盐池半荒漠区沙漠化土地综合治理生态工程效益评价》，《水土保持学报》2003 年第 1 卷第 17 期，第 80—83 页。

② 李波、赵海霞、郭卫华等：《退耕还林（草）、封山禁牧对传统农牧业的冲击与对策——以北方农牧交错带的皇甫川流域为例》，《地域研究与开发》2004 年第 5 卷第 23 期，第 97—101 页。

③ 孔忠东、徐程扬、杜纪山：《退耕还林工程效益评价研究综述》，《西北林学院学报》2007 年第 6 卷第 22 期，第 165—168 页。

④ 樊胜岳、马丽梅：《基于农户的生态建设政策绩效评价研究》，《干旱区地理》2008 年第 4 卷第 31 期，第 572—579 页。

⑤ 樊胜岳、周立华、马永欢：《宁夏盐池县生态保护政策对农户的影响》，《中国人口·资源与环境》2005 年第 3 卷第 15 期，第 127—131 页。

⑥ 周立华、朱艳玲、黄玉邦：《禁牧政策对北方农牧交错区草地沙漠化逆转过程影响的定量评价》，《中国沙漠》2012 年第 2 卷第 32 期，第 308—313 页。

⑦ 李彩红：《水源地生态保护成本核算与外溢效益评估研究》，博士学位论文，山东农业大学，2014 年。

⑧ 韦惠兰、张克荣：《自然保护区综合效益评估理论与方法》，科学出版社 2006 年版，第 67—215 页。

$$F_j = f(X_{j1}, X_{j2}, \ldots X_{ji}, X_{km}) \qquad (2-4)$$

式（2-4）是保护区外溢效益的函数，其中，k 和 j 是外溢效益的共体和受体，X_{ji} 是外溢效益受体 j 的第 i 个经济事件，X_{km} 是保护区共体的 k 的对保护区的行为事件。

综上所述，我国沙漠化治理工程效益评估研究起点较晚，众多学者评估主要集中在政策、农户和效益等方面，基本形成较为完善的评估指标体系，评估方法较为具有客观性和科学性，当然也有很强的主观色彩，在建构的时候可以参考其他类别保护区综合效益评估的研究成果。所以为了获得可靠性和真实性综合效益需要进一步使用有效的经济计量模型和可靠的数据来源。

第四节 小结与对本书的启示

一 小结

所以，环境公平是可持续发展概念的核心意蕴[①]。可以从时间和空间两个视角对环境公平进行探讨和分析，时间视角方面主要分析代际之间的环境公平问题，空间视角方面主要分析代内之间、区域之间、群体之间以及城乡之间的环境公平问题[②③④⑤⑥⑦]。环境公平与社会经济可持续发展有着千丝万缕的联系，环境公平与否在一定程度上

---

① 文同爱、李寅铨：《环境公平、环境效率及其与可持续发展的关系》，《中国人口·资源与环境》2003 年第 4 卷第 13 期，第 13—17 页。

② 黄鹂、张巧遇：《环境公平与新农村建设》，《安徽大学学报》（哲学社会科学版）2008 年第 4 卷第 32 期，第 147—150 页。

③ 赵海霞、王波、曲福田等：《江苏省不同区域环境公平测度及对策研究》，《南京农业大学学报》2009 年第 3 卷第 32 期，第 98—103 页。

④ 陆文聪、李元龙：《农民工健康权益问题的理论分析：基于环境公平的视角》，《中国人口科学》2009 年第 3 卷，第 13—20 页。

⑤ 魏伟、石培基、雷莉等：《基于景观结构和空间统计方法的绿洲区生态风险分析——以石羊河武威、民勤绿洲为例》，《自然资源学报》2014 年第 12 卷 29 期，第 2023—2035 页。

⑥ 张学斌、石培基、罗君等：《基于景观格局的干旱内陆河流域生态风险分析——以石羊河流域为例》，《自然资源学报》2014 年第 3 卷第 29 期，第 410—419 页。

⑦ 尚志海、刘希林：《试论环境灾害的基本概念与主要类型》，《灾害学》2009 年第 3 卷第 24 期，第 11—15 页。

决定人们生活质量的高低，它是人类发展和生活幸福的基础[1][2]。对社会群体受到的环境灾害风险的分析是在空间视角上探讨环境公平问题，既可以从环境公平的视角提出衡量环境污染或者环境风险的标准[3][4][5]，也可从个体或群体特征方面分析不同群体感知的环境灾害风险[6]。经济学方法是分析环境公平的重要方法之一，其核心是分析经济利益的分配与占有是否公平[7]。

学术界对环境公平的相关研究，除理论分析外，一般多集中在居住格局、食物消费、能源消耗、环境质量以及家庭收入支出等方面，研究对象很少涉及土地沙化区农民。环境公平问题在一定程度上体现出经济利益关系。环境公平在空间视角可以基于一定的经济利益进行分析与研判，时间视角上可以基于生态演化关键资源因素进行模型设定与结果研判。对于沙化区的农民来讲，其参与经济活动的广度和深度各有不同，对环境资源的索取方式和途径各有区别，感知的环境公平各有差异。所以本课题研究区域、分析方法、研究视角具有典型性和新颖性。

---

① 董光前：《生活质量视阈下的环境公平问题》，《西北师大学报》（社会科学版）2011 年第 6 卷第 48 期，第 117—121 页。

② 李梦洁：《环境污染、政府规制与居民幸福感——基于 CGSS（2008）微观调查数据的经验分析》，《当代经济科学》2015 年第 5 卷第 37 期，第 59—68 页。

③ BRULLE R. J., PELLOW D. N., "Environmental justice: human health and environmental inequalities", *Annual Review of Public Health*, No. 27, 2006, pp. 103 – 124.

④ REESE G., JACOB L., "Principles of environmental justice and pro-environmental action: A two-step process model of moral anger and responsibility to act", *Environmental Science & Policy*, No. 51, 2015, pp. 88 – 94.

⑤ 乔丽霞、王斌、张琪：《基于基尼系数对中国区域环境公平的研究》，《统计与决策》2016 年第 8 卷第 452 期，第 27—31 页。

⑥ ROWANGOULD G. M., "A census of the US near-roadway population: Public health and environmental justice considerations", *Transportation Research Part D: Transport and Environment*, Vol. 25, 2013, pp. 59 – 67.

⑦ 赵志勇：《收入差距、偏好差异与环境污染：基于环境不公平视角的经济学分析》，博士学位论文，南开大学，2013 年，第 24、86 页。

二　对本书的启示

本书从经济学角度出发，结合吕力[①]，钟茂初等[②]，杨继生、徐娟[③]，汤姆·蒂坦伯格等[④]，武翠芳等[⑤]等对环境公平的研究论述，对环境公平界定如下：生态环境具有外部性，各受益体在生态环境中获得的收益对等，各个受益体在生态系统破坏中承担的成本对等，各个受益体在生态工程（包括：自然资源保护区、生态治理工程等）建设中获得的收益与承担的风险、成本对等，从生态工程建设中获得效益的受益体与承担生态工程建设的主体一致。

人类享有平等的环境使用权利和维护义务，最终达到自然资源分配公平，从而实现生态经济系统的可持续。沙化土地封禁保护区作为一项生态建设工程，其建设的效果体现在两个方面：一是保护区的综合效益如何，二是保护区建设效益在不同受益体之间的分配与公平性如何。对于保护区建设效益的不同层次受益体的利益关系的分析，其包含维度有：公平享有生态工程的效益；公平分配使用生态承载能力；公平承担生态恶化的后果；公平承担生态工程的维护责任；公平分担生态治理成本。

① 吕力：《论环境公平的经济学内涵及其与环境效率的关系》，《生产力研究》2004 年第 11 卷，第 17—19 页。

② 钟茂初、闫文娟、赵志勇等：《可持续发展的公平经济学》，经济科学出版社 2013 年版，第 1—64 页。

③ 杨继生、徐娟：《环境收益分配的不公平性及其转移机制》，《经济研究》2016 年第 1 卷，第 155—167 页。

④ ［美］汤姆·蒂坦伯格等：《环境与自然资源经济学》（第八版），王晓霞译，中国人民大学出版社 2011 年版，第 461—483 页。

⑤ 武翠芳、姚志春、李玉文等：《环境公平研究进展综述》，《地球科学进展》2009 年第 11 卷第 24 期，第 1268—1274 页。

第 三 章

经济学视域下环境公平分析

经济学视域下对环境公平的分析可以涵盖以下内容：一是环境公平在经济学视域下分析的依据与标准，二是分析环境公平问题时使用的经济学方法，三是经济学视野下环境不公平产生的原因。从经济学视域来看，环境问题是由人们经济活动中的利益关系造成的，环境公平与否本质上讲与经济利益分配公平与否有关系。对土地沙漠化防治中的环境公平分析，需要从经济学视角分析沙化土地生态系统作为生态资源在经济活动中有效配置的问题。这里所指的对资源的有效配置问题涵盖：对生态环境利益进行配置、对生态环境损害权进行配置以及对生态环境建设责任进行配置等内容。

第一节　经济学视域下环境公平的分析依据

一　代内公平是环境公平分析的基础

经济学视角下的环境公平一般涵盖代内环境公平与代际环境公平两个概念。代内环境公平又称代内公平，是分析环境公平的基础。沙漠化防治的根本目标是实现生态环境的可持续发展，这就要求我们在沙漠化防治过程中不能不兼顾眼前利益和长远利益，当代人利益和后代人的利益，比起代际公平，代内公平是可持续发展的前提和基础，很难想象当代人的利益没有兼顾情况下的代际公平。同时，代际之间是有延续性和继承性的，只有解决了代内公平才能为解决代际公平打好基础、做好铺垫，只有解决了代内公平才为实现代际公平减少障碍和阻力。同时，也应认识到，代内人口是沙漠化防治工作最大的群众基础。随着经济的发展和物质产品的丰富，人的需求变得丰富而具有质的提升，公众对于生活质量的提升越发重视，公众对生活质量的理解变得多元，其中很重要的一条就是环境质量的提升。笔者认为基于人的理性，在沙漠化防治中，代内人口一方面为了享受较好的环境会积极参与沙漠化防治工作；另一方面，代内人口也是维护代内公平的最积极的可靠的力量。应当看出在经济活动中，沙漠生态资源配置中实现人与自然和谐相处的是可能的。而实现沙漠资源代内的合理配置就要求既承认当事人可以追求自身利益，同时也意味着对当事人利益的合理限制，这种限定表现在：第一，它要求所有的经济活动遵循一定的伦理准则；第二，要求遵循人类社会的其他方面准则；第三，要求当事人的经济交往遵循一定的规则。基于这种准则，一旦当事人因为生态环境由于某些经济活动或者资源配置不合理而受到损害时，就可以理直气壮地维护自身权益，而不仅仅是为了维护抽象的社会利益以及子孙后代的利益。

二　可持续发展是环境公平分析的根本标准

可持续发展的概念可以理解为既要发展经济，满足当代人的需求，又要保护环境，是在不影响子孙后代发展需求基础上的发展，是兼顾代内公平与代际公平的发展。可以看出，可持续发展的概念和环境公平概念的内涵具有高度的一致性，所以沙漠化防治的根本目标是实现人口、资源、环境和社会经济的可持续发展。如图 3－1 所示，土地沙漠化防治区是典型的复合型经济生态系统，涵盖经济社会子系统和生态子系统，沙化区生态演化过程是各个子系统互相作用的复杂过程，在任何一点施加作用力都有牵一发动全身的作用效果，这就使得实现复合型经济生态系统可持续发展是土地沙漠化防治的根本目的，也是环境公平的根本标准。

为了实现沙漠化防治的可持续发展目的，需要做好以下工作：一是从时间视角，做好沙漠资源在代际之间的配置，保障有限而脆弱的沙漠生态资源在代际之间公平的分配，实现永续发展；二是从空间视角，做好沙漠资源在不同部门、不同人群以及不同区域间的配置问题，提高资源的利用效率。同时可持续发展也要求在土地沙漠化防治中，实现环境效率与环境公平共同提升，生态贫困绝不是可持续发展所要求的，只有不断提高环境效率和经济能力才能解决环境问题，实现可持续发展，所以可持续发展是代内公平与代际公平的根本标准，是环境公平的本质内涵，可持续发展也是环境效率与环境公平的目的与归宿，是生态环境服务价值生产与分配的依据。要做到这些，需要注意以下几个方面：一是注意人口质量和素质的提高；二是在干旱绿洲地区建立循环经济和节约型社会；三是解决好干旱绿洲地区水资源的合理配置和利用的问题，尤其是解决内陆河流上下游之间的关系。从国家层面看，要解决好区域间的协调发展问题，在沙漠化防治过程中解决好贫困人口的脱贫工作。

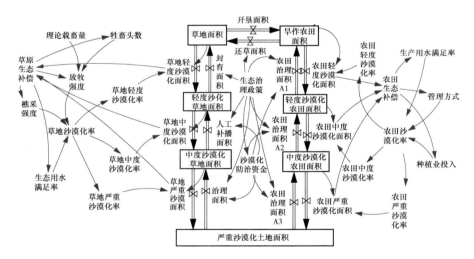

图 3-1　土地沙漠化防治中生态演化的系统动力分析①②

①　林清、徐中民：《人类活动与石漠化关系的一个简单动力学模拟模型》，《广西师范学院学报》（自然科学版）2003 年第 s1 卷第 20 期，第 14—16 页。

②　许端阳、佟贺丰、李春蕾等：《耦合自然－人文因素的沙漠化动态系统动力学模型》，《中国沙漠》2015 年第 2 卷第 35 期，第 267—275 页。

第二节　经济学方法在分析环境
公平问题时的使用

生态环境是人类社会经济发展的物质基础。从经济学视角来讲，环境不公平实质上是一个经济现象，造成环境问题的根本原因是人类对自然资源的不合理开发，而由此带来的环境风险与利益分配不公本质上也是由于经济活动造成的。① 在研究中应该把环境公平问题转化为经济公平问题进行分析和探讨。

一　国外学者关于经济学方法的使用

国外学者从福利经济学、资源经济学与生态经济学等经济学科类别结合统计学的相关方法，定义和测度环境公平。其中，最为常用的评判方法就是使用基尼系数。长期以来人们错误地认为基尼系数是基尼发明的，1964 年，美国经济学家赫希曼对此进行了澄清，说明了基尼系数是其根据劳伦茨曲线定义的，主要从居民收入方面测度不平等。Saboohi②认为能源补贴导致市场的扭曲和福利的损失，通过能源补贴对资源的分配进行评估，测算了爱尔兰城市和农村之间因消除能源补贴对生活费用造成的直接和间接影响，并利用基尼系数，分析了能源消费的不公平性。Fernandez③认为对各种能源消耗的不平等程度进行评估是非常必要的，它可以使农村规划人员在应对未来能源危机时，做出相应的战略选择，并利用基尼系数衡量了典型丘陵地区印度村庄在使用能源方面的环境公

①　钟茂初：《全球可持续发展经济学》，经济科学出版社 2011 年版，第 64—143 页。

②　Saboohi Y. , "An evaluation of the impact of reducing energy subsidies on living expenses of households", *Energy Policy*, Vol. 29, No. 3, 2001, pp. 245 – 252.

③　Fernandez E. , Saini R. P. , Devadas V. , "Relative inequality in energy resource consumption: a case of Kanvashram village, Pauri Garhwal district, Uttranchall (India)", *Renewable Energy*, Vol. 30, No. 5, 2005, pp. 763 – 772.

平问题。Jacobson[1] 以挪威、美国、萨尔瓦多、泰国和肯尼亚这五个国家居民家庭电力消耗为研究对象，使用基尼系数和劳伦兹曲线分析了住宅电力的能源消耗分布及公平性问题。White[2] 指出，为了实现可持续的发展规模，经济活动不能超过一定的生物物理限度，而对于公平性的考虑也不能仅仅局限于收入的分配上，应该包括对稀缺环境服务的分配，White 利用区域基尼系数，研究了人群饮食差异与环境服务不公平分配之间的关系。Tol[3] 发展了气候变化影响的基尼系数，认为由于适应能力较低，气候变化可能会对世界上较贫穷的人口造成更加严重的影响，人们对于气候变化的脆弱性不仅仅取决于人均收入，地理格局、脆弱性与发展之间非线性和非单调性使得气候变化的脆弱性更加复杂，未来气候变化将导致未来不平等程度的增加。

西方学者从分析和测度环境公平方面还广泛使用了 Atkinson 指数和 Theil 指数。1967 年，科学家 Theil 结合热力学与信息理论中的熵理论，使用 Theil 指数分析个体之间或者区域之间的收入差距。Theil 指数与基尼系数能够相互弥补分析不公平方面的不足，泰尔熵 L、V 和 T 指数在分析和测度低收入和高收入群体不平等方面具有优势，基尼系数在分析中低收入群体不公平方面具有优势。威尔士政治经济学家阿特金森认为传统的收入不平等计量方法忽视了社会福利分析，提出了以平等主义为基础的更切实际的计量方法，并发明了 Atkinson 指数。Padilla[4] 运用 Theil 指数和基尼系数分析了 113 个国家和国家集团二氧化碳排放量的不平等以及这种不平等与收入差距之间的关系。White[5] 运用生态足迹的方法来衡量

---

① Jacobson A. , Milman A. D. , Kammen D. M. , "Letting the (energy) Gini out of the bottle: Lorenz curves of cumulative electricity consumption and Gini coefficients as metrics of energy distribution and equity", *Energy Policy*, Vol. 33, No. 14, 2005, pp. 1825 – 1832.

② White T. , "Diet and the distribution of environmental impact. ", *Ecological Economics*, Vol. 34, No. 1, 2000, pp. 145 – 153.

③ Tol R. S. J. , Downing T. E. , Kuik O. J. , et al. , "Distributional aspects of climate change impacts", *Global Environmental Change*, Vol. 14, No. 3, 2004, pp. 259 – 272.

④ Padilla E. , Serrano A. , "Inequality in CO emissions across countries and its relationship with income inequality: A distributive approach", *Energy Policy*, Vol. 34, No. 14, 2006, pp. 1762 – 1772.

⑤ White T. J. , "Sharing resources: The global distribution of the Ecological Footprint", *Ecological Economics*, Vol. 64, No. 2, 2007, pp. 402 – 410.

全球收入分配，并用阿尔金森指数，说明了生态足迹的不平等与环境强度和收入不平等之间的关系。

此外，学者们也结合 GIS 的分析工具来测度环境公平问题，主要集中在环境风险评估等领域。Mohai P 等[1]运用将居民居住点与环境风险源识别相结合的契合分析法，分析风险位置与居民的距离，并得到了较好的研究成果。Brooks N 等[2]在分析环境灾害风险时使用了 Logistic 回归模型，认为经济弱势群体及少数族群居住地承担的环境灾害风险较高。Gray W. B. 等[3]认为经济弱势群体和黑人居住地获得工业排放污染的概率增大。上述案例说明从经济学角度运用新的技术手段，譬如地理信息数据模拟方法能够更好地测度环境公平。

二　国内学者关于经济学方法的使用

环境公平问题产生的经济学根源是人类活动的外部性、垄断和市场失灵。环境资源作为一种公共资源产品，也会产生类似于经济学中的"公地悲剧"的现象。张长远[4]认为环境公平与一定的社会生产生活方式有关，依据一定的规范制度调节人们对自然资源的分配与使用，最终实现生产方式效率的提升。靳乐山等[5]认为环境污染治理问题不应分国界和群体，每个个人、地区和国家享有平等的环境治理权利用于治理和解决环境问题。经济学视角的环境公平更加强调一种可持续的分配关系和运行机制，达到环境资源的最大化分配，满足人类对环境需求的最大效用。

---

[1]　Mohai P. , Saha R. , "Racial Inequality in the Distribution of Hazardous Waste: A National-Level Reassessment", *Social Problems*, Vol. 54, No. 3, 2007, pp. 343 – 370.

[2]　Brooks N. , Sethi R. , "The Distribution of Pollution: Community Characteristics and Exposure to Air Toxics", *Journal of Environmental Economics & Management*, Vol. 32, No. 32, 1997, pp. 233 – 250.

[3]　Gray W. B. , Shadbegian R. J. , "'Optimal' pollution abatement—whose benefits matter, and how much?", *Journal of Environmental Economics & Management*, Vol. 47, No. 3, 2004, pp. 510 – 534.

[4]　张长远：《环境公平释义》，《中南工学院院报》1999 年第 3 卷第 13 期，第 55—59 页。

[5]　靳乐山等：《环境污染的国际转移与城乡转移》，《中国环境科学》1997 年第 4 卷，第 335—339 页。

国内环境公平测度研究尚处于探索阶段，尚未形成较为成熟的研究方法和计算模型，已有的测度方法主要包括经济计量、遥感模拟和 GIS 空间分析相结合。经济计量模型和 GIS 空间分析与结合方法的应用主要从以下几个方面展开。

（1）关于代内公平的测度

赵海霞等[1]通过聚类分析方法和 GIS 空间分析方法，建立环境公平评价体系评测江苏省不同区域环境公平度，她基于美国行为科学家亚当·斯密的公平关系建立环境不公平指数，考虑代际、区域间的因素，其关系式如下：

$$K = \frac{GDP_i}{P_i} - \frac{GDP_j}{P_j} \qquad (3-1)$$

K、GDP、P 分别是环境不公平指数、地区内生产总值和地区污染排放总量；K 越大，表明 i 和 j 两个地区环境不公平程度越大。通过计算认为江苏省各市环境不公平呈现差异性。基于基尼系数对环境公平的测度方法在我国不同尺度的环境公平研究较为广泛。最早有王金南等[2]和刘蓓蓓等[3]，一般采取梯形面积法求取环境基尼系数，公式如下：

$$Gini \text{ 系数 } = 1 - \sum_{n=1}^{i} (X_i - X_{i-1})(Y_j + Y_{j-1}) \qquad (3-2)$$

X_i、Y_j 分别为人口等指标的累计百分比、污染物的累计百分比。

在分析内部资源消耗或者污染物排放的公平性判别时，学者们使用绿色贡献系数 GCC 来测度。其表述如下：

$$GCC = \frac{G_i}{G} \bigg/ \frac{P_i}{P} \qquad (3-3)$$

G_i、G、P、P 分别代表地方和全国的经济总量和污染物排放量（或者能源消耗量），当 $GCC < 1$ 说明公平性相对较差；若 $GCC > 1$，说明公平

---

① 赵海霞、王波、曲福田等：《江苏省不同区域环境公平测度及对策研究》，《南京农业大学学报》2009 年第 3 卷第 32 期，第 98—103 页。

② 王金南、逯元堂、周劲松等：《基于 GDP 的中国资源环境基尼系数分析》，《中国环境科学》2006 年第 1 卷第 26 期，第 111—115 页。

③ 刘蓓蓓、李凤英、俞钦钦等：《长江三角洲城市间环境公平性研究》，《长江流域资源与环境》2009 年第 12 卷第 18 期，第 1093—1097 页。

较好，根据上述评测方法，上述学者得出长三角以及中国资源环境不公平度。

乔丽霞等人[①]在环境基尼系数方法的基础上，结合层次分析方法测度经济贡献系数、人口承担系数和绿色负担系数。研究表明：我国区域间存在严重的环境不公平。

闫文娟[②]使用泰尔指数对我国区域间不公平进行刻画，把我国依地理位置不同划分为东部、中部和西部三块，分别用 T_E、T_M、T_W 表示东部、中部和西部三个区域的环境负担差异的泰勒指数，其计算方程式如下：

$$T_E = \sum_{i=1}^{n} \frac{P_i}{P_E} \ln\left(\frac{P_i/P_E}{G_i/G_E}\right) \tag{3-4}$$

$$T_M = \sum_{i=1}^{n} \frac{P_i}{P_M} \ln\left(\frac{P_i/P_M}{G_i/G_M}\right) \tag{3-5}$$

$$T_W = \sum_{i=1}^{n} \frac{P_i}{P_W} \ln\left(\frac{P_i/P_W}{G_i/G_W}\right) \tag{3-6}$$

其中泰勒指数的总值可以用以下公式表示：

$$T = T_B + \frac{P_E}{P}T_E + \frac{P_M}{P}T_M + \frac{P_W}{P}T_W = T_B + T_w \tag{3-7}$$

其中，P_i 表示废水排放量来自第 i 个省份的值，P_E、P_M、P_W 代表废水排放量来自东部、中部、西部三个区域的值，G_i 表示工业总产值来自第 i 个省份的值，G_E、G_M、G_W 代表工业总产值分别来自东部、中部和西部三个区域的值，G 为工业总产值、P 为总废水排放量。赵雪雁等[③]从微观角度分析了生态退化对不同农户生计的影响，从农户适应能力、敏感度、暴露度及适应力等方面分析了农户对于生态退化的脆弱性，间接测度了生态退化造成的环境不公平问题。

---

① 乔丽霞、王斌、张琪：《基于基尼系数对中国区域环境公平的研究》，《统计与决策》2016 年第 8 期。

② 闫文娟：《区际间环境不公平问题研究》，博士学位论文，南开大学，2013 年，第 29—33 页。

③ 赵雪雁、刘春芳、王学良：《干旱区内陆河流域农户生计对生态退化的脆弱性评价——以石羊河中下游为例》，《生态学报》2016 年第 36 卷。

（2）代际公平的测度

叶民强等（2001）[①] 使用博弈分析的方法，得出在非规制的情况下，区域内不公平会普遍存在。建立代际公平判别模型：

$$
\begin{cases}
K_{\frac{n}{n-1}} = \left(\dfrac{E_n}{E_{n-1}}\right)/f(n, n-1) \\
f(n, n-1) = f(n)/f(n-1) = f(M, S, L)
\end{cases}
\tag{3-8}
$$

其中，n 和 $n-1$ 分别代表第 n 代人和 $n-1$ 代人，E_n 和 E_{n-1} 代表不同代人的资源或者财富，$f(n)$、$f(n-1)$ 分别代表不同代人的环境偏好率，$f(n, n-1)$ 代表资源环境偏好比率。

$$
K_{n/n-1}
\begin{cases}
<1，代际不公平（偏向第 n-1 代人） \\
=1，代际公平（第 n 代人与第 n-1 代人相对公平） \\
>1，代际不公平（偏向第 n 代人）
\end{cases}
$$

式（3-8）关于环境与资源利用在代际之间匹配的公平性判别模型与方法，为本书在宏观与中观上分析土地沙漠化防治的环境公平问题提供了方法上的借鉴与启迪。由于本书在宏观与中观上分析环境公平依据的卡尔多-希克斯标准，实质上是对比分析土地沙漠化防治不同时期获得的环境福利，通过构建的环境公平模型，判断不同治理时期的环境福利以及环境福利的增加与减少情况。依据第一章的分析，这种环境福利宏观上讲为生态安全变化情况，中观上讲为生态环境系统与社会经济系统之间的耦合协调度的变化情况。

国内外对于环境公平的研究数据来源有客观的宏观卫星图片数据，统计年鉴指标分析，也有基于微观层面社会经济活动个体的主观认知与经济特征等数据，通过建立的环境公平模型，使计算的数据具有科学性和合理性。目前关于宏观与微观数据在环境公平的相匹配与协调问题，学界还鲜有论述。本书试图分析环境公平在宏观中观微观上的判别，试图在这些方面做有益的弥补。具体来讲，在不同尺度上沙漠化防治的利益群体所关切的利益是有所区别的。土地沙漠化防治中涉及的利益群体

---

① 叶民强、林峰：《区域人口、资源与环境公平性问题的博弈分析》，《上海财经大学学报》2001 年第 3 卷。

有三类：一是以中央政府为代表的群体，为宏观利益群体；二是以地方政府或者林业部门为代表的群体，为中观利益群体；三是以沙区农牧民为代表的微观利益群体，包括企业和其他经济组织。① 这三类主体两两之间存在环境—经济利益关系，也就存在环境公平问题，同时第三类主体内部也存在环境与经济利益的相互作用关系，也是分析环境公平问题的重要方面。

第三节　经济学视角的环境不公平理论分析

从经济学视角，一般把生态环境看成生态资源，需要把生态资源进行有效配置。与资源有效配置有关的问题涵盖以下几点：一是生态环境利益的分配与维护良好的生态环境之责；二是对一定的环境生态承载力的分配，提高经济活动中对生态资源的利用效率；三是对生态破损后的治理责任进行分配，使得生态治理的成本公平分担。所以，一般认为环境不公的产生是由于生态资源配置过程中的非帕累托优化所致，换句话说，生态资源具有公共物品属性，在外部性、搭便车、公地悲剧等情形下，出现市场失灵的情况。

从经济学视角分析环境不公平问题，不仅包括环境污染受灾问题的不公平，也包括环境治理责任分配的不公平，生态利益与生态容量配置的不公平，表现在分析的主体上涵盖区域间的与群体间的对应的权责分布不公平。群体间环境不公平根源于社会成员之间的财富差别，个体经济水平与财富拥有量决定了不同群体的约束曲线，进而影响效用函数，财富拥有量与分配的不平等决定了不同群体对环境效用实现程度不同，这实际是环境利益分担与环境维护责任分担不平等的结果。②

一　经济发展利益追求下的环境不公平

从经济学角度探讨环境公平问题，离不开对环境问题产生以及环境

---

① 刘拓：《中国土地沙漠化防治策略》，中国林业出版社 2006 年版，第 122—161 页。
② 厉以宁：《西方经济学》，高等教育出版社 2010 年第 3 版，第 209 页。

不公平问题产生根源的探讨。从根本上讲，人类社会对经济利益的无节制追求会不断地造成环境问题的产生。体现在以下几点，一是基于效用最大化或者利润最大化产生的消费组合与生产要素组合加大对环境资源的损耗，承担这一损耗后果的或者承担治理环境责任的是社会全体成员，这就存在环境不公平问题，这种不公平体现在经济利益的受益方与环境损害的制造方不对等，经济利益的受益方与环境治理的责任方不一致等方面。二是经济活动中，按照市场机制作用下的，竞争中产生的"囚徒困境"，公共产品存在的"公地悲剧"，政府作用的缺失导致的"政府失灵"等均是对生态环境造成有害影响的因素，进而引发环境不公平。三是区域间由于资源禀赋的不同、地理位置的差异等原因导致的经济发展水平的差异，这种差异往往是区域间环境损耗与治理责任不对等的原因，是区域间环境不公平的根本原因。

二　外部性行为引致的环境不公平

外部性理论是指个人或者法人经济活动对他人造成了影响而又没有在相关交易的成本与价格中计入这些影响，这种影响分为正向影响和负向影响，分别对应正外部性与负外部性。[①] 在探讨环境问题与环境不公平时，往往使用的是负外部性的概念，生产者或者消费者在经济活动中使用与利用自然资源时产生的环境灾害影响具有时空特性，从空间上讲具有区域间与区域内外部性特征、从时间上讲具有代际特征，这种时空特征上的外部性行为往往造成市场失灵而无法实现帕累托改进。表 3 - 1 所示为常见的经济活动的外部性行为分类与例证。由于环境问题的复杂性，某些环境问题可能同时具有代内与代际两种特征。在正外部性特征方面，一个很典型的例子就是省级与国家级自然保护区。环境的外部性通常具备以下特征：一是外部性行为的影响独立于市场运行之外，生产者或者消费者的经济外部性行为产生的环境危害不必为此支出环境损害补偿；二是经济外部性行为对外界造成的影响具有无主观故意性、客观性与无

---

① 宋国君、金书秦、傅毅明：《基于外部性理论的中国环境管理体制设计》，《中国人口·资源与环境》2008 年第 18 卷。

法回避性；三是经济外部性行为由于受市场信息的不充分性等因素影响
难以完全克服、消除，但可以通过经济与法制手段使负外部性影响减少。
经济行为负外部性造成的环境不公平的根本原因在于产生负外部性行为
的经济参与主体与承担负外部性带来的成本增加的损失主体不一致。为
了减少负外部性行为带来的环境不公平，可以通过以下方法，政府干预、
征收环境税、协调谈判、生态补偿、环境影响许可交易等方式。

表 3 - 1　　　　　　　　　　　　外部性行为分类及例证①

区域	代内	代际
市内	TSP/PM10、有毒有害气体、市政固废污染、工业固废污染、噪声污染等	有毒有害固废
市际	PM10/PM2.5、有机物污染、固体悬浮物等	省级自然保护区
省际	城市污水处理厂建设、流域水质管理、酸沉降、大河大湖富营养化	流域城市地下水开发、放射性物质、铀尾矿、国家自然保护区
国际	危险废物跨境转移、SO_2 越境漂移	有毒有害物质、放射性物质、铀尾矿、固体垃圾深海填埋
全球		温室气体、消耗臭氧层物质（ODS）、生物多样性保护、湿地保护

三　微观个体收入水平差距引起的环境不公平

　　微观个体的消费行为从根本上讲受到收入水平高低约束，在效用最
大化原则支配下消费者在经济均衡状态下的不同消费组合决定着不同水
平的消费者环境需求消费的差异与差距，这种差异与差距也是环境不公
平的表现形式之一。一般情况下，环境需求可以作为一个特殊消费品与
其他消费品一道作为消费者的消费组合。在只考虑收入的情况下，可以
把居民环境消费与物品消费组成消费预算线，如图 3 - 2 所示。随着收入

---

　　①　迟妍妍、饶胜、陆军：《重要生态功能区生态安全评价方法初探——以沙漠化防治区为
例》，《资源科学》2010 年第 32 卷。

的增加，预算线从 AB 上升到 CD，微观个体对环境质量的需求从 E 到 F，即意味着随着收入水平的增加，微观个体对环境质量的要求也随之提高。这种从 E 到 F 的差别即可以理解为微观个体的环境不公平，这种不公平表现在不同收入水平下，微观个体之间分享环境利益的不同、承担环境责任的不同以及受环境影响的差别。

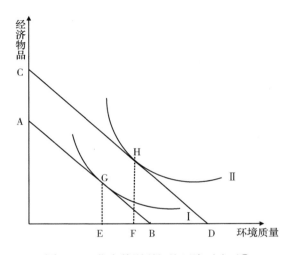

图 3 - 2　收入差别引起的环境不公平①

四　市场失灵引致的环境不公平

现实的市场经济并不存在完全竞争的市场结构，存在着垄断、信息不对称以及外部性情况以及在公共物品领域存在着无法靠价格机制配置资源达到帕累托最优的境况，即出现了市场失灵。一般认为，环境问题的出现是由于市场失灵导致的，在追求个人理性的市场上存在个人理性的加总导致集体不理智，公地悲剧问题时有发生，引发环境危机。主要是因为市场不能很好地解决生态环境平衡与生态环境问题，即市场在生态平衡方面具有局限性，其实质是市场经济活动不可避免地存在外部性行为导致成本与收益的分离，引发环境损害不平等地分配到不同的社区、

---

① 钟茂初、闫文娟、赵志勇等：《可持续发展的公平经济学》，经济科学出版社 2013 年版，第 1—64 页。

地区或者不同的群体之间，引发环境的不公平。由于环境具有公共物品的属性，在追求利润最大化的动力下，公共资源出现掠夺式使用，生态资源无法得到喘息机会，即使部分使用者明白公共资源合理使用分配的重要性，也会在使用过程中，由于担心环境资源被别人过度使用，出现盲目竞争，进而引发环境不公平。

市场机制作用下经济社会的快速发展，出现了区域间的不均衡现象，区域间由于自身条件、资源禀赋、发展起点、政策倾斜等因素，使得区域间的经济发展差距越拉越大，产生区域经济发展差异。另外，不同区域间的经济发展的追求不平衡，在使用自然资源过程中也会出现相互损害的问题，譬如，河流上游对水资源的过度使用会影响中下游地区居民生活与生产用水，进而影响生态安全与经济发展，造成区域间经济发展不协调，造成环境不公平产生。

五　制度因素引致的环境不公平

制度是因素市场经济结构中影响环境公平的一个重要因素。在一定的经济规模与技术水平下，制度因素对环境问题的产生起着决定性作用。一方面，市场经济制度下，市场机制驱动生产与消费的快速运转，生产消费汇聚成强大的市场力量推动者生产—流通—交换—消费各个环节加速运转，最终导致环境问题的产生。另一方面，可以按照制度的安排解决环境问题，譬如环境外部性的内部化的科斯思路、环境公共产品的市场化供给等。所以，制度因素既是环境不公平的原因，也是解决环境公平问题的手段。在分析中国环境问题情况时，还要区别"政府失灵""市场失灵"与"市场规则失灵"的问题，中国的现实状况与西方发达国家有鲜明的差异，所以不适合用西方国家"市场失灵"或者"政府失灵"分析中国环境问题的产生，适合用"市场规则失灵"来分析中国环境问题的产生。所以用市场经济制度的不健全引发的环境不公平来解释中国的实际更为妥帖。

图3-3分析了制度因素影响环境公平实现的过程，在现实经济运行中，影响经济行为的除正式制度因素（如产权制度）外还有很多非正式制度，譬如乡规民约，意识形态、风俗习惯等。在完善而合理的正式制

度与非正式制度的制约下，行为主体基于理性的成本—效益分析，作出既保证自己目标实现又不损害他人目标的经济行为，实现环境治理成本的公平承担以及环境利益的公平享有。

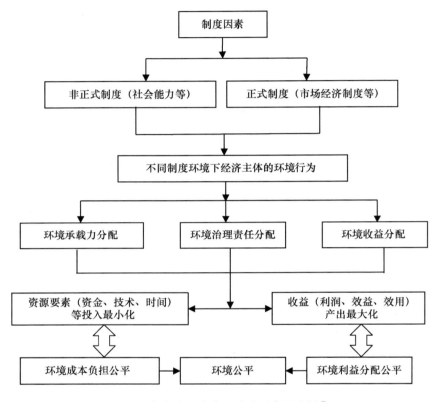

图 3 – 3　制度因素在环境公平中的分析①

第四节　经济学视角下生态治理过程中
行为主体的理性分析

一　生态治理中政府的理性行为与作用机制

公共选择理论认为在经济活动中不但私人行为适用理性原则，公共

---

① 钟茂初、闫文娟、赵志勇等：《可持续发展的公平经济学》，经济科学出版社 2013 年版，第 1—64 页。

选择领域也适合理性原则。这就意味着，政府和政府官员在参与经济活动中也处于"经济人"的角色，其自身的利益诉求可以用目标函数进行表达。这种利益诉求的目标函数包括公共利益、区域利益、部门利益和政府工作人员的私人利益几个部分。因此，在分析政府生态治理中的利益诉求时，应该对不同的利益诉求进行界定与区分，即便是公共利益，由于公共利益具有不同的层次性，中央政府和地方政府作为利益主体在生态治理中也具有不同的价值取向。①

现实的社会经济生活中，政府并不是一个非常具象的存在，其相关联的政府利益也非常具体而真实的。具体来讲政府利益可以分为三类：区域利益、部门利益和个人利益。在具体的经济活动中，这三个方面的利益往往交织在一起。在生态治理过程中，政府的行为除了政府利益驱动下的行为理性之外，还具有自身的特点。一般情况下，生态治理的投资的主体是中央政府，实施的主体是地方政府，存在着"中央政府—地方政府—项目管理方—项目承包方"多层级的委托代理关系，在这个多层级代理关系中，中央政府作为宏观层面利益主体需要的是生态效益，并为此提供资本、物资等支持。地方政府作为中央政府投资治理生态的执行者和监督者，负责治理区域的勘察、治理方案的制定、生态补偿政策的执行、生态效益的评估与验收等一系列具体工作。从一定程度上讲，地方政府在生态治理过程中兼有"裁判员与运动员"的双重角色，在没有有力监督的条件下，地方政府的不规范操作与寻租活动有可能发生，推升了内生交易成本。

从政府行为来分析环境公平问题，应该关注以下几个方面的问题，一是环境公平与否的背后是经济公平与否的直接体现，政府在消除地域间、人群间与阶层间经济分配不平等以及社会权利不平等方面所做的努力是研究中着重关注的方向之一；二是由于环境公平问题与经济公平问题具有深度的相关性，政府在社会经济活动中非意图性的决策行为也存在导致环境不公平的发生的可能性；三是中央政府在分配地方政府的环

---

① 樊胜岳、张卉、乌日嘎：《中国荒漠化治理的制度分析与绩效评价》，高等教育出版社2011年版，第75—108页。

境损耗权时，应该充分考虑权责利相统一的原则下公平分配，激励地方政府制定较高的环保标准而非竞相拉低标准；四是随着生态文明建设的深入开展，地方政府应该在经济发展和环境保护方面做出权衡与取舍，实现政府、企业和公众等不同利益主体都能够合理表达自己的意愿，而这是建立公平机制的基础；五是区域间好的协调治理，由于环境问题与生态治理往往存在较广的影响范围，而不同区域间需要共同的协作才能提高治理效率，实现更广泛的环境公平，需要区域间在充分考虑彼此经济发展状况基础上合理分配治理责任，做到责任与利益相匹配，共同促进效用目标和环境公平的实现。[1]

二　生态治理中农民的决策机制

沙区的农民，作为微观层面利益群体在土地沙漠化防治中扮演的是参与者、见证者和当事人的角色。以农民为代表的微观层面利益主体，其整体可持续发展能力不高，抵御环境灾害风险的能力不足，农民长远利益与沙漠化防治的长远目标具有一致性，但是短期内为了改善生活，更多地追求经济利益。概括来讲就是实现经济利益的最大化和风险的最小化。

一般来讲，在生态治理中农户的经济行为可以理解为一种投资行为，从本书所观察的对象来讲，农民的利益与风险机制所涵盖的决策机制不仅仅包括经济利益一项，农民对经济发展的状况、社会资本的感知、生态治理效果的感知、农民自身的科学文化素养、家庭成员的结构以及农民所处的社会规范、政策环境、市场环境都能够影响农民的决策行为。影响农民的经济行为决策机制是一种综合考虑以上因素的境况下的收益—风险机制。

收益与风险具有辩证统一性，一般情况下在经济活动中存在高收益高风险，低收益低风险的情况，农民经济行为的决策过程便是收益与风险抉择与平衡的过程，如图 3 - 4 所示，I_1、I_2、I_3 为农户经济行为的决策

---

[1]　钟茂初、闫文娟、赵志勇等：《可持续发展的公平经济学》，经济科学出版社 2013 年版，第 1—64 页。

过程存在安全与收益组合成的无差异曲线，三条无差异曲线表示不同安全与收益组合的水平，即三者对于农民来讲存在 $I_1 < I_2 < I_3$ 的效益水平，其效益水平的不同与农民的综合素质、经济基础、生产条件等有密切关系。在每一条无差异曲线上表述不同的安全与收益组合。以无差异曲线 I_3 为例，在该曲线上存在 E_1 与 E_2 两点，在该两点上，农民经济行为获得效益的满意程度是一样的，农民的综合效益组合分别是（S_1，P_1）和（S_2，P_2）组合，可以看到存在 $S_1 > S_2$，$P_1 < P_2$ 的状况。所以 E_1 点的安全大于 E_2 点的安全，E_1 点的收益小于 E_2 的收益。进而可以看出 S_1S_2 段的安全损失可以换了 P_1P_2 段的收益增加，具体的决策过程取决于农民对安全和收益的偏好程度。而本节的分析为土地沙漠化防治中微观个体基于环境公平规范的动态博弈分析提供了方法论上的启示。

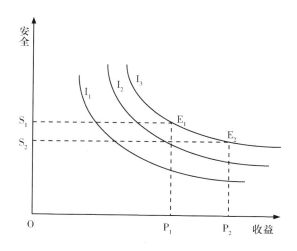

图 3 - 4 生态治理中农民经济行为的决策过程分析

第五节 小结

从经济学视角来看，之所以会产生环境不公平问题，归根结底是由于不同的经济主体在参与经济活动中环境利益分配与环境治理责任承担不公平造成的。而环境问题主要是各级经济主体对经济利益无限制追求的结果，由于环境具有外部性，承受环境问题影响的主体无疑是全体社会成员。然而，各利益主体的社会经济地位具有很大的差异性，在承担维护生态的责任方面、承担治理环境污染方面具有显著差异性，这是经济不公平转化环境不公平的主要原因之一。本节首先从代内公平与可持续发展视角从经济学理论上分析环境公平问题，在此基础上探讨了环境公平问题实证分析的经济学方法，并进一步探讨了经济学视角对环境不公平的理论分析。本章从整篇文章的布局上具有承上启下的作用，承上方面，本章的分析是第二章文献回顾的继续，内容是第二章文献回顾的延续与深化；启下方面，为第五章分析土地沙漠化防治中环境公平问题研究层面与分析逻辑打下基础，为合理的界定土地沙漠化防治中的宏观层面、中观层面与微观层面利益主体及其诉求提供理论启示，并为分析环境公平与环境效率关系奠定基础。此外，本章所探讨的环境公平实证研究所使用的的经济学方法为第六章、第七章以及第九章构建不同层面利益主体的环境公平模型提供方法启示。

第 四 章

土地沙漠化防治中环境公平问题的
研究层面与分析逻辑

第三章从经济学视角分析了环境公平问题，包括环境公平分析的经济学标准、经济学方法以及环境不公平的经济学原因等内容。本章节主要是在第二章文献回顾与第四章理论分析的基础上，进一步论述从经济学视角分析土地沙漠化防治中的环境公平问题的逻辑，重点论述在土地沙漠化防治中涉及的三个层面的利益主体以及每一层面利益主体关注的土地沙漠化防治目标，并分析不同层面利益主体环境公平评价的依据。由于土地沙漠化防治中宏观层面与中观层面利益主体的明确性与微观利益群体的不确定同时存在，在对不同层面利益主体进行环境公平分析时需要采用不同的标准。本章重点论述了不同层面利益主体环境公平判别的标准、不同标准对应的理论依据以及各理论之间内在的关系。

第一节　土地沙漠化防治中的
环境公平的分析层面

本书主要基于经济学分析方法分析土地沙漠化防治中环境公平问题。使用经济学方法分析的前提是划分好土地沙漠化防治中的利益群体，基于理性分析原则分析不同利益群体的冲突、合作与决策均衡的过程是分析土地沙漠化防治中环境公平问题的必由之路。基于不同利益群体的行为目标及均衡决策过程的分析，可以从源头上把握我国土地沙漠化防治问题的本质。因为土地沙漠化防治的核心就是人类与民族的长远利益与眼前利益的冲突，社会整体利益与局部或个人利益的冲突。从经济学视角分析可以看出，存在个体理性与集体理性相背离的情况，个体理性会使集体理性产生偏差，相应地集体理性往往满足不了个体的理性。在个体理性与集体理性不断发生矛盾、产生对峙的过程中制度应运产生。土地沙漠化防治中存在三个方面的利益群体，分别是：中央政府、地方政府和相关职能部门、沙区的农牧民群体（包括企业和其他经济组织），分别代表宏观层面的利益群体、中观层面的利益群体，微观层面利益群体。土地沙漠化防治中不同层面的利益群体和它们在防治中的主要利益关切点如图4-1所示。

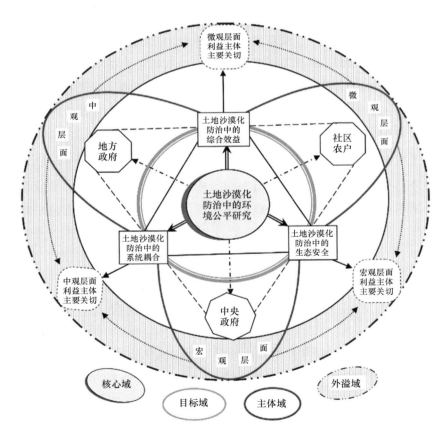

图 4-1　本书中空间层面环境公平的分析逻辑与依据

一　环境公平宏观层面利益主体与公平评估依据

研究区是生态极为脆弱、生态严重恶化的地区，恶劣的生态环境严重制约着经济社会的发展，成为区域经济差距拉大的主要原因之一。在土地沙漠化防治过程中，宏观利益主体是以中央政府为代表的群体，在沙漠化防治中宏观利益主体的行为选择是具有理性的，其理性选择的依据是其在土地沙漠化防治中的目标。在土地沙漠化防治中，中央政府作为全国人民的利益代表，在土地沙漠化防治中的目标是近期和长期生态效益的发挥、生态系统获得持续的改善，即能够获得生态安全。目前，中国经济发展进入新时代，人们经济发展观念从注重量的积累到注重质的提升的转变，在这种观念的指导下，在注重经济发展质的提升过程中更注重生态环境的改善。保护环境，实现自然生态环境与人的和谐相处，实现社会经济的永续发展是中央政府的追求目标。

土地沙漠化防治的过程就是在人的积极参与合理调控下，充分发挥生态系统自我更新的功能，恢复和重建一个健康稳定、持续发展的生态系统的过程。沙质荒漠化生态系统重新趋于并保持稳定，在提供资源、服务方面能够可持续的发挥作用。所以土地沙漠化防治的过程就是恢复和重建该生态系统的结构、功能、格局、异质性等特质的过程。即土地沙漠化防治既是实现生态环境可持续化发展的过程也是不断地实现环境公平的过程。实现和解决土地沙漠化防治工程的环境公平问题，存在一个关键的因素，那就是采用生态安全最低标准策略。迟妍妍等[1]认为沙漠化防治区生态安全格局对于区域可持续发展意义重大，并从防风固沙功能方面提出沙漠化防治区生态安全的指标体系。最低安全标准的行为准则是：除非其社会成本大得无法承受，否则就不采取可能使任何一种环境因子或者自然资源因子降低到最低安全标准以下的行为。生态安全评价是分析生态风险与生态系统健康的重要变量，通过采取生态安全的最低标准作为生态工程建设的底线目标，能够建构起当代人对后代人道德

---

[1]　迟妍妍、饶胜、陆军：《重要生态功能区生态安全评价方法初探——以沙漠化防治区为例》，《资源科学》2010 年第 32 卷。

责任，即生态即使不向好发展也不至于向坏转变，这是实现生态工程建设环境公平的基础与前提。

一般情况下，生态安全可以从两个方面来理解，一是生态系统的结构与功能是否稳定，是否遭受破坏，强调生态系统自身具备的状态；二是生态系统为人类社会提供的生态服务是否安全，能否为人类社会提供足够的维持人类社会生存和发展生态价值①，这两种理解是从生态安全狭义和广义两种理解进行的定义。狭义上讲，生态安全即人类社会的生态环境处于可持续发展状态；广义上讲，生态安全是经济—社会—生态组成的复合系统的安全，这个复合生态系统的安全是以自然子系统生态安全为基础的各个子系统均处于安全状态为标准，即自然子系统为人类社会的运行提供了生态服务与生态保障，② 生态安全从本质上讲是社会经济可持续发展的基础和保障。

基于以上分析，如图 4 - 1 所示，本书认为土地沙漠化防治中的宏观层面利益主体（中央政府）主要的关切点是生态效益的最大化，即意味着能否实现生态安全最低标准，并在此基础上实现复合生态系统的可持续发展。因此把生态安全作为宏观层面利益主体环境公平评价的依据。通过分析项目区以及项目区所在的县域内的生态安全状况，能够很好地衡量土地沙漠化防治在宏观层面的效果。

二 环境公平中观层面利益主体与公平评估依据

如图 4 - 1 所示，本书中观层面的利益群体是地方政府，包括林业主管部门这样准公共产品保护与供给的代理者。在土地沙漠化防治中，地方政府对于沙漠化防治中支付的建设成本涵盖以下方面：与国家拨付土地沙漠化防治资金相配套的资金、群众的投工投劳、前期工作费、管理经费、建成后的抚育费和管护费用、生态工程建设用地丧失的机会成本等。由于沙漠化防治区一般是经济欠发达地区，地方政府各项财政支出

① 林年丰、汤洁、王娟：《松嫩平原西南部的生态安全研究》，《干旱区研究》2007 年第 24 卷。

② 迟妍妍、饶胜、陆军：《重要生态功能区生态安全评价方法初探——以沙漠化防治区为例》，《资源科学》2010 年第 32 卷。

经常出现"捉襟见肘"局面，而土地沙漠化防治作为一项生态工程，其效益的显现是一个缓慢的过程。一般情况下作为理性的地方政府，会出现"上有政策，下有对策"的局面。2016 年 12 月中共中央办公厅、国务院办公厅出台了《生态文明建设目标评价考核办法》，对地方政府政绩考核逐渐建立了一套科学合理的评价指标体系，对各级政府及其主要领导的政绩考核逐渐从经济发展指标转向经济发展与生态文明建设双重的考核办法，所以作为地方准生态公共品保护和供给的代理者地方政府，在土地沙漠化防治中既追求生态效益也追求社会经济效益，因此，笔者把中观层面利益群体界定为参与沙漠化防治代理者地方各级政府，具体到沙化土地封禁保护区建设，主要是各个县（区）政府和林业主管部门，与利益群体相对应的利益对象是项目区涉及的保护区（生态系统），项目建设涉及的社区（社会经济系统）。依据地方政府的生态保护、建设的利益关注点，既兼顾生态文明建设目标又关注经济社会的发展。笔者把中观层面利益群体在沙漠化防治中的目标追求凝练为经济社会系统与生态系统的耦合度。

经济社会系统与生态系统的耦合度是评价经济社会子系统和生态子系统或者系统内部各要素之间在组织、结构和变化上的对应关系。通过评价各个子系统之间结构、关系与和谐程度是否达到相互促进的互惠互利的态势，分析项目区各子系统之间耦合系统度评价不仅能够评价中观层面利益群体是否实现土地沙漠化防治目标，而且能够依此作为中观层面利益群体环境公平的判别依据。分析项目区生态经济社会所面临的问题，还有利于从系统的角度确定项目区进而确定县域内发展生态经济的具体模式与路径优化方案。

三 环境公平微观层面利益主体与公平评估依据

沙区的农牧民，作为微观层面利益群体在土地沙漠化防治中扮演的是参与者、见证者和当事人。如图 4 - 1 所示，在土地沙漠化防治中，微观利益群体（农牧民群体）不仅关注家乡生态环境的向好发展，更关注自身的实际利益，希望能够实现自身综合效益的最大化。本书分析土地沙漠化防治中微观层面利益群体环境公平问题的主要依据是微观层面的土地沙漠化防治综合效益。

在生态工程建设过程中，存在宏观利益群体、中观利益群体和微观利益群体，以中央政府为代表的宏观利益群体、以地方政府为代表的中观利益群体和以农牧民为代表微观利益群体在土地沙漠化防治中三者长期利益需求长期具有一致性，短期内的利益诉求受到自身各种短期目标的影响而不尽相同，中央政府代表着全体社会成员的利益，其建设目标必然是生态效益最大化，确保生态安全，地方政府在追求生态利益的同时也追求经济效益的发挥，即生态系统与经济社会系统的耦合系统发展。在本书中地方政府和农牧民追求生态、经济、社会综合效益的大方向具有一致性，但是利益的评价方式和获取方式却不尽相同，在评测综合效益时具有三种可能性结果：一是两者评测的综合效益相同，说明地方政府实现了项目区复合型生态系统各子系统耦合协调发展，农牧民获得了相应的收益，这种结果最为理想；二是政府层面实现了复合型生态系统的耦合协调发展，农牧民没有实现相应的收益，这样的情况说明，地方政府在代理中央政府的生态治理工程项目中利用集权推行项目的实施，农牧民利益没有得到体现，且有所损失。这样的治理效益不具有可持续性，没有实现环境公平；三是从地方政府层面没有实现复合型生态系统的耦合协调发展，农牧民获得了较为满意的生态治理效果，获得了相应的收益，这种情况下可能存在农牧民破坏保护区基础设施建设，获得保护区内经济效益的行为。可见从不同的行为主体、利益主体分析保护区综合效益是可行的也是必要的，这是进行环境公平分析的基础。

第二节 环境公平与环境效率在土地沙漠化防治中的关系

一 环境公平与环境效率的辩证统一

环境公平与环境效率存在既相互促进又相互制约的辩证统一关系。首先环境公平的实现需要环境效率的提高，若环境效率得不到提高，既有的环境问题得不到解决，环境问题层出不穷，环境公平就无从谈起，即使存在环境公平，也是低层次的、低水平的公平，无法让人人享有良好的生态环境、优美的环境质量的公平，不是人们真正追求的环境公平。其次，环境公平是环境效率提高的目的与保障，环境公平分为代内环境公平（代内公平）和代际环境公平（代际公平），从代内公平上讲，如果代内人类获得平等获得使用自然资源的权利，且公平的分配环境福利，那么人们创造的物质财富和精神财富就多，代内各个群体及整个经济社会能够得到较好发展，环境效率就会随之提高，反之亦然。从代际公平上讲，当代人发展水平的高低，社会生态效率的提高还来自不同代际之间的约束，如果人们发展经济适用的环境容量低于环境的最大承载能力，那么环境资源实现代际公平，各代之间都能获得充分合理的发展，环境效率能在各代之间实现。反之，若不能实现代际公平，必然存在当代人环境资源使用的权利、后代人环境资源使用的权利等情况中的至少一种得不到满足，环境效率也会因此不能实现。所以，环境效率能否实现，很大程度上受到代际与代内环境资源分配是否公平的影响。因此，环境公平与环境效率具有辩证统一关系①。

二　在土地沙漠化防治中环境公平与环境效率的统一性

本书认为，土地沙漠化防治效果受到技术手段和政策手段两种因素的制约，在分析环境公平时包含着与帕累托改进相适应的制度改进，这与福利经济学把制度视为既定之物有所不同。本书中，沙化土地封禁保护区建设是区别于传统防沙治沙（如单纯的植树造林、建草方格沙障）的一种新的制度安排，作为一种新的防沙治沙制度也在不断完善之中。本书的假设是这种新的制度安排能够实现帕累托改进，既实现环境效率又实现环境公平。作为分析一种公平正义分配原则，在土地沙漠化防治中帕累托改进具有以下特征：①仅仅是环境效益单方面的改进，不涉及社会全方面评价；②沙漠化防治是一个动态的过程，帕累托改进至少基于两期的数据进行评价与衡量；③防沙治沙作为一项环境治理的制度安排具有可操作性，在一定时间内实现稳定的操作性与调整的适应性相

① 吕力：《论环境公平的经济学内涵及其与环境效率的关系》，《生产力研究》2004 年第 11 期。

结合。

本书作为一项生态工程建设环境效益与分配问题的评价，在土地沙漠化防治中环境公平与环境效率具有统一性，即在实现环境效率的同时实现环境公平。这是因为，土地沙漠化防治工程作为一项公共物品具有典型的外部性特征，在生态治理过程中，生产的环境净效益，能够在时空中进行公平分配，空间上体现代内分配，时间上体现代际分配。但是这并不意味着环境效率与环境公平不具有内在统一性。如图 4-2 所示，在土地沙漠化防治中，存在环境公平与环境效率边界，在既有制度安排、技术和激励相容约束下[1][2]实现环境公平与环境效率最优组合。[3] 在这个边界上，由于既有的生态环境条件以及现有的技术与制度决定了土地沙漠化防治的环境总效益，激励相容约束决定了环境效率与环境公平存在一定的关系。如图 4-2 所示，环境公平与环境效率组合边界是现有条件下能达到的最高组合，在边界外部以目前条件无法达到，边界内部的组合都可以通过提高达到最高组合，在边界上左半边从 U^* 到 U^{**} 都可以实现环境公平与环境效率的同时提高，即环境公平与环境效率的统一，在边界上的右半边从 U^{**} 到 U^{***} 环境公平与环境效率具有相互替代关系，在边界的内部从 U 点向其右上方的三角区延伸，也可以实现环境公平与环境效率同时提高的可能性与现实性。之所以存在环境公平与环境效率同时实现的原因有以下几点：①如上面提到的生态工程的公共产品属性和典型的外部性特征，在实现生态净效益增加（环境效率）的同时，并不排除任何人合理的、公平的获得或者享有生态服务价值；②环境净收

---

① 土地沙漠化防治中，存在"中央政府—地方政府—项目管理方—项目承包方"多层级的委托代理关系，由于代理人和委托人的目标函数不一致，加上存在不确定性和信息不对称，代理人的行为有可能偏离委托人的目标函数，而委托人又难以观察到这种偏离，无法进行有效监管和约束，从而会出现代理人损害委托人利益的现象，造成两种后果，即逆向选择和道德风险，这就是著名的"代理人问题"。为解决此问题，委托人需要做的是如何设计一种体制，使委托人与代理人的利益进行有效"捆绑"，以激励代理人采取最有利于委托人的行为，从而委托人利益最大化的实现能够通过代理人的效用最大化行为来实现，即实现激励相容。

② 蔡昉、都阳、王美艳：《经济发展方式转变与节能减排内在动力》，《经济研究》2008 年第 6 期。

③ 姚洋：《作为一种分配正义原则的帕累托改进》，《学术月刊》2016 年第 10 期。

益的提升意味着在土地沙漠化防治中获益的那部分群体在弥补受损那部分群体损失之后还有结余；③在边界内部存在在不损失环境公平或者环境效率一方的同时提高另一方的值。在边界上的右半边，是在穷尽土地沙漠化防治所有帕累托改进之后实现的帕累托状态，在这个状态下环境效率和环境公平不可兼得，显然目前尚不具备现实性。基于以上分析，本书认为，在土地沙漠化防治中，环境效率与环境公平可以同时提高或者降低，即环境公平与环境效率具有统一性。这对于分析宏观层面、中观层面利益群体的环境公平问题具有很强的指导意义和参考价值。（5.2.1.2 段落的分析主要参考了吕力[1]、姚洋[2]、董金明等[3]、王有利[4]、文同爱[5]、王玲[6]、狄雯华等[7]的研究成果。）

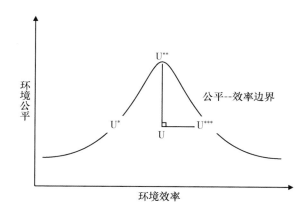

图 4 - 2 土地沙漠化防治中环境公平与环境效率边界及帕累托状态

① 吕力：《论环境公平的经济学内涵及其与环境效率的关系》，《生产力研究》2004 年第 11 期。
② 姚洋：《作为一种分配正义原则的帕累托改进》，《学术月刊》2016 年第 10 期。
③ 董金明、尹兴、张峰：《我国环境产权公平问题及其对效率影响的实证分析》，《复旦学报》（社会科学版）2013 年第 55 卷。
④ 王有利：《浅谈环境公平与效率》，《中国环境管理丛书》2008 年第 4 期。
⑤ 文同爱：《论可持续发展时代的环境公平和环境效率》，《中国法学会环境资源法学研究会年会论文》2003 年版，第 761—765 页。
⑥ 王玲：《环境效率测度的比较研究》，博士学位论文，重庆大学，2014 年。
⑦ 狄雯华、王学军：《环境政策的公平与效率分析》，《中国人口·资源与环境》1997 年第 3 期。

三　环境公平在本书中居于中心地位

从上文分析可以看出环境公平与环境效率具有辩证统一的关系，在土地沙漠化防治中具有统一性。环境公平与环境效率在分析土地沙漠化防治问题中均具有重要的指导作用。本书之所以把环境公平作为研究的重要视角，是因为环境公平在分析问题时具有更重要的价值。

一方面，环境公平是环境效率的重要约束条件。从投资收益与效益分配角度来讲，环境效率是指能有效使用社会资源以满足人类的需求和愿望，在既定的生产力水平和资本投入下，对资源有效的使用，或带来最大限度的有效满足，是对人们社会实践效果的一种价值判断。进一步讲，在生态文明日益凸显的今天，环境效率可以理解为人们物质文明与精神文明的总收益与生态建设、保护与发展之间的匹配程度。所以，代内人类实现生态环境资源的公平分配是实现环境资源高效利用的基础和前提，即生态环境的保护利用的高低受到代内公平水平高低的约束。此外，如果对环境的消耗大于环境的承载能力，则资源环境在代际配置中就很难实现代际公平，进一步讲代际间就很难获得理想的发展；如果对环境的消耗没有突破环境的承载能力，资源环境配置实现了代际公平，则各代之间则能够实现理想的发展，显然环境公平能否实现是环境效率能否实现的重要约束条件。

另一方面，相对于环境效率，环境公平在可持续发展中显得更为重要。如第一章所阐述的，可持续发展基本的内涵可概括为两点：一是实现代内的公平，二是代际间的公平。不同代际之间的人类既要满足代内公平又不能损害后代人的基本利益。张志强[1]、文同爱等[2][3]认为可持续发展兼有环境公平与环境效率两个概念的内涵，"可持续"体现了在创新

---

[1]　张志强、孙成权：《可持续发展研究：进展与趋向》，《地球科学进展》1999 年第 6 卷第 14 期，第 589—595 页。

[2]　文同爱、李寅铨：《环境公平、环境效率及其与可持续发展的关系》，《中国人口·资源与环境》2003 年第 4 卷第 13 期，第 13—17 页。

[3]　文同爱：《论可持续发展时代的环境公平和环境效率》，《中国法学会环境资源法学研究会年会论文》2003 年版，第 761—765 页。

驱动下，实现环境福利的最大化，并且在实现一部分人环境福利的增加时不损害另一部分人的环境利益，能够用环境公平进行概述；"发展"则注重环境福利与环境利益的量的增加与质的提高，能够用环境效率进行概述。这就意味着，公平性是实现可持续发展的基础和前提，没有公平性作保障就无法调动经济活动参与者的积极性与创造性，进而也就很难实现发展。在土地沙漠化防治中，强调环境公平的重要性，并不意味着忽视环境效率，其考量主要是在资源与环境约束的条件下实现经济社会可持续发展，实现生态效益的最大化与最优化。这种最大化与最优化所折射出的环境效率并不是独立存在，环境效率是在环境公平中实现的，即蕴环境效率于环境公平之中，也就是在土地沙漠化防治中，环境公平是优先于环境效率追求的目标。在生态环境治理中所追求的目标与经济社会中所追求的目标具有不一致性，在经济社会生活中讲究"效率优先，兼顾公平"，而在生态环境治理中更讲究的是"公平优先，兼顾效率"。二者的区别主要是：经济活动具有很强的内生性，能够不断地提高总效益的提升，才能够做大做强体量，为每一个人获得更大的福利打下基础，继而实现社会的公平；而生态环境领域具有很强的外部性，只有在保证公平的前提下，才能够使环境容量不变小前提下获得量的提升。所以在土地沙漠化防治过程中，体现在可持续发展过程中，追求环境公平应该优先于追求环境效率。本书正是基于此，才把环境公平作为研究的重要视角，在本书中居于中心地位。

第三节　环境公平问题在土地沙漠化防治的分析逻辑

　　本书对环境公平界定如下：生态环境具有外部性，各受益体在生态环境中获得的收益对等，各个受益体在生态系统破坏中承担的成本对等，各个受益体在生态工程（包括：自然资源保护区、生态治理工程等）建设中获得的收益与承担的风险、成本对等，从生态工程建设中获得效益的受益体与承担生态工程建设的主体一致。人类享有平等的环境使用权利和维护义务，最终达到自然资源分配公平，从而实现生态经济系统的可持续。沙化土地封禁保护区作为一项生态建设工程，其建设的效果体现在两个方面，一是保护区的综合效益如何，二是保护区建设效益在不同收益体之间的分配与公平性如何。表4-1展示的环境公平问题在土地沙漠化防治中环境伦理与主要研究方向，对于保护区建设效益的不同层次受益体的利益关系的分析，其包含层面有：对于宏观层面利益群体，通过生态安全测评，依据卡尔多-希克斯标准，分析是否公平地获得环境容量；对于中观层面利益群体，通过系统耦合度测评，依据卡尔多-希克斯标准，分析是否公平地获得环境治理效果；对于微观层面利益群体，通过环境公平规范下的动态博弈分析如何公平地分担环境维护责任，通过保护区综合效益测评，依据戴维斯-诺斯标准，分析是否公平地享有环境利益。

表4-1　环境公平问题在土地沙漠化防治中环境伦理与主要研究方向

	宏观层面	中观层面	微观层面
利益群体	中央政府	地方政府	项目区社区居民
测评依据	生态安全	系统耦合度	综合效益
价值判断	环境净效益状况	环境净效益状况	环境效益的分配状况
测评方法	纵向对比	纵向对比	横向对比
标准	卡尔多-希克斯标准		戴维斯-诺斯标准
涉及范围	县域、项目区	项目区	项目区社区居民
环境伦理	基于环境效率标准下的环境公平	基于环境效率标准下的环境公平	基于社会公平标准下的环境公平
	潜在的帕累托改善	潜在的帕累托改善	代内公平
拟解决的问题	是否公平地获得环境容量	是否公平地获得环境治理效果	如何公平的分担环境维护责任？是否公平地享有环境利益

第 五 章

研究区概况、调查过程及
基本情况分析

第一节　研究区域概况

一　区域选择说明与自然地理概况

甘肃省自 2013 年 12 月开始实施沙化土地封禁保护区项目以来，共进行了 3 批次建设，保护区分布于极旱、干旱和半干旱荒漠区。本项研究选取了民勤县、永昌县、金川区、凉州区、古浪县 5 个县作为研究区域，这 5 个县（区）均建设有沙化土地封禁保护区。之所以选取这 5 个县域作为分析对象，有以下原因：一是 5 个县域中民勤县、永昌县属于沙化土地封禁保护区第一批次建设县域，金川区、凉州区、古浪县 3 个县（区）属于第二批次建设县域，便于分批次和总体上做横向对比；二是 5 个县域位于河西走廊东段，处于腾格里沙漠和巴丹吉林沙漠南缘或交界处，从广域的空间格局上讲不同程度地受到两大沙漠的影响，均属于石羊河流域，生态环境同质性与经济社会环境异质性同时存在，便于从生态—经济系统角度和空间计量角度分析环境公平；三是 5 个县域均属于典型的温带大陆性干旱气候区，与其他沙化土地封禁保护区涉及的县域气候状况相似，具有较好的代表性；四是 5 个县域区域位置靠近，便于调研和收集数据。从行政区划上讲，凉州区、民勤县、古浪县隶属于武威市，永昌县、金川区隶属于金昌市。

研究区域是典型的温带大陆性干旱气候区，蒸发量大于降水量，通过超采地下水补给生产生活用水。用水矛盾突出，生态环境不断恶化[1]。研究区域盐渍化、土地沙化、植被退化呈加重趋势，生态系统出现不同程度的危机亟待有效治理。研究区域各个县（区）具体自然状况详见表5-1。

表5-1 研究区域各县（区）自然地理概况[2]

县（区）	区位坐标	周边县（区）	面积	地形地貌	气候条件
民勤县	E101°49′41″ ~ E104°12′10″ N38°3′45″ ~ N39°27′	与武威、金昌、阿拉善左旗、阿拉善右旗相邻	东西最长206km，南北最宽156km，总面积1.58万km²	海拔1298—1936m，由沙漠、低山丘陵和平原三种基本地貌组成。东西北三面被腾格里和巴丹吉林两大沙漠包围	年均降水量127.7mm，年均蒸发量2623mm，昼夜温差15.5℃，年均气温8.3℃，日照时数为3073.5h，无霜期162d
古浪县	E102°38′ ~ E103°54′ N37°09′ ~ N37°54′	东接景泰县，南依天祝县，西北与凉州区毗邻，东北与内蒙古自治区阿拉善左旗接壤	东西最长102km，南北最宽88km，总面积5103km²	海拔1550—3469m，县境内区域类别多，自然条件差异大，地势南高北低，北邻腾格里沙漠，是青藏、蒙新、黄土三大高原交汇地带	平均气温5.6℃，年降水量300mm左右，蒸发量2300mm以上，日照时数2852.3h，无霜期140d左右

----

① 梁变变、石培基、王伟等：《基于RS和GIS的干旱区内陆河流域生态系统质量综合评价——以石羊河流域为例》，《应用生态学报》2017年第1卷第28期，第199—209页。

② 数据来源：依据民勤县、古浪县、凉州区、永昌县、金川区五县（区）林业局提供的资料整理所得。

续表

县（区）	区位坐标	周边县（区）	面积	地形地貌	气候条件
凉州区	E101°59′ ~ E103°23′ N37°23′ ~ N38°12′	东面毗邻内蒙古自治区，西邻肃南裕固自治县，南连天祝县和古浪县，北临永昌县和民勤县	东西最长122km，南北最宽90km，总面积5081km²	海拔：1440—3263m，区内地势呈西南高东北低，地貌类型分祁连山山地、走廊平原绿洲和腾格里沙漠三种	年平均降水量100mm，年蒸发量2020mm，年平均温度7.7℃，无霜期150d左右，日照时数2873.4h
永昌县	E101°29′41″ ~ E102°34′26″ N38°21′30″ ~ N39°00′30″	东、南、西、北依次毗邻：武威、肃南、山丹、金川	东西最长144.8km，南北最宽144.55km，总面积7439.27km²	海拔：1452—4442m。县域以山地高原为主，山地、平川、戈壁、绿洲相连	年平均气温5.8℃，平均降水量220mm，无霜期128d。年平均日照2884.2h，日照率65%，年蒸发量2000.6mm
金川区	E101°29′41″ ~ E102°34′26″ N38°21′30″ ~ N39°00′30″	东、南、西、北依次毗邻：民勤县、永昌县、内蒙古自治区阿拉善右旗、山丹县	东西最长93km，南北最宽76km，总面积3019.14km²	海拔：3052.4—1327m，西南部为山地，中部为低山丘陵、山间盆地、绿洲平原，东北部为戈壁、荒漠、半荒漠草原	境内常年干燥，年均降水量119.5mm，年均蒸发量2722mm。年均气温9.4℃。年均日照数2991.7h，年均无霜期170d

二 社会经济概况

研究区域为5个县（区），其中民勤县、古浪县和凉州区隶属于武威市，永昌县和金川区隶属于金昌市。经济发展方面如表5-2所示，县域

GDP 数值中，凉州区和金川区较高。在人均 GDP 对比中，较高的为金川区，较低的为古浪县，2016 年人均 GDP 分别为 60747 元、12111 元。说明研究区各县（区）经济发展差距较大。

人口方面，截至 2016 年底，民勤县、古浪县、凉州区、永昌县、金川区常住人口分别为：24.13 万人、38.88 万人、101.32 万人、23.61 万人、23.37 万人。其中金川区、永昌县和凉州区的城市化率较高，分别为：90.07%、48.33%、44.42%。2010—2016 年研究区各县（区）常住人口及城镇化率具体情况参阅表 5-3。

民勤县截至 2016 年累计建成设施农牧业 0.927 万 hm^2，特色林果业 3.31 万 hm^2，民勤县由于地处巴丹吉林沙漠和腾格里沙漠交汇处，各类荒漠化土地面积 152 万 hm^2，野生动植物资源匮乏，生态环境脆弱，2010—2016 年累计完成工程压沙 2.01 万 hm^2，人工造林 6.67 万 hm^2，森林覆盖度由 11.52% 提高到 17.91%。

古浪县截至 2016 年累计建设设施农牧业 1.256 万 hm^2，特色林果业 2.39 万 hm^2。2016 年全县农作物播种面积 6.03 万 hm^2，其中，粮食作物播种面积 3.77 万 hm^2，经济作物播种面积 1.82 万 hm^2，其他作物播种面积 0.44 万 hm^2。

凉州区截至 2016 年底累计建设设施农牧业 2.936 万 hm^2，特色林果业累计建设 5.51 万 hm^2，全年农作物播种面积 11.16 万 hm^2，粮食作物播种面积 6.99 万 hm^2，经济作物播种面积 4.17 万 hm^2，累计建成规模养殖场 1178 个。

永昌县农作物播种面积 6.37 万 hm^2，其中，粮食作物播种 4.49 万 hm^2，经济作物播种面积 1.58 万 hm^2，其他作物播种面积 0.3 万 hm^2。截至 2016 年底，累计完成土地流转 3.61 万 hm^2，占总播种面积的 56.68%。

金川区 2016 年作物播种面积 1.43 万 hm^2，其中，粮食作物播种面积 0.76 万 hm^2，经济作物播种面积 0.54 万 hm^2，其他作物播种面积 0.13 万 hm^2。2016 年完成造林面积 0.035 万 hm^2，拥有农业机械总动力 28.6 万 kw，农机化综合作业水平达到 76.4%。

表 5 - 2　　　　　　**2016 年研究区县（区）域生产总值**　　单位：亿元

明细	民勤县	古浪县	凉州区	永昌县	金川区
GDP	77.75	47.02	286.99	65.88	141.94
第一产业	26.38	15.22	60.46	15.21	5.51
第二产业	24.3	13.13	108.85	17.52	86.61
第三产业	27.07	18.67	117.68	33.15	49.82
人均 GDP	32221 元	12111 元	28349 元	27856 元	60747 元

表 5 - 3　　　**2010—2016 年研究区各县（区）常住人口及城镇化率**②

年份	项目明细	民勤县	古浪县	凉州区	永昌县	金川区
2016	常住人口（万人）	24.13	38.88	101.32	23.61	23.37
	城镇化率（%）	30.2	24.7	44.42	48.33	90.07
2015	常住人口（万人）	24.12	38.78	101.15	23.69	23.36
	城镇化率（%）	30.18	23.23	41.84	46.22	90.03
2014	常住人口（万人）	24.11	38.86	100.89	23.82	23.19
	城镇化率（%）	27.45	21.62	39.9	44.46	89.98
2013	常住人口（万人）	24.12	38.9	100.6	23.75	23.11
	城镇化率（%）	25.65	20.26	38.11	42.41	88.75
2012	常住人口（万人）	24.16	38.95	101.43	23.68	23.06
	城镇化率（%）	24.1	18.96	36.5	41.3	87.55
2011	常住人口（万人）	24.11	38.89	101.41	23.62	22.97
	城镇化率（%）	19.99	17.96	34.45	40.3	86.55
2010	常住人口（万人）	24.13	38.91	101.12	23.56	22.88
	城镇化率（%）	18.99	16.96	32.89	39.4	85.49

---

①　数据来源：民勤县、凉州区、古浪县、永昌县、金川区统计局提供数据整理。
②　数据来源：民勤县、凉州区、古浪县、永昌县、金川区历年统计年鉴。

第二节 研究区沙漠化防治的现状

一 土地荒漠化及沙化土地现状

（一）概念界定

荒漠：是指气候干旱、降水稀少多变、植被稀疏低矮、土壤贫瘠的自然地带，是与森林和草原相对应的一种干旱区自然景观，习惯上称沙质荒漠为沙漠。

狭义的荒漠化（即沙漠化）：在脆弱的生态系统下，由于人为过度的经济活动，破坏其平衡，使原非沙漠的地区出现了类似沙漠景观的环境变化过程。

荒漠化：由于气候变化和人类不合理的经济活动等因素，使干旱、半干旱和具有干旱灾害的半湿润地区的土地发生了退化。包括沙质荒漠化（通常说的沙漠化）、砾质荒漠化（戈壁）、石质荒漠化（石漠化）、水蚀荒漠化、冻融荒漠化、盐漠化（盐渍化）。

沙化：即沙质荒漠化，它是荒漠化的一种类型，简称"沙化"，包括流动沙丘前移入侵、土地风蚀沙化、固定沙丘活化与古沙翻新等一系列风沙活动。本项研究中把沙漠化与沙化视为一个概念使用，根据语义情景及习惯性表述而有所不同。

封禁：封闭（孕育）、禁止（人类活动）。

（二）甘肃省土地荒漠化及沙化土地现状[①]

截至 2015 年底，甘肃省荒漠化土地面积 1950.20 万 hm^2，占全省土地总面积的 45.8%，比 2009 年减少 19.14 万 hm^2，具体情况如表 5 - 4 所示。各个地州市荒漠化减少情况，如图 5 - 1 所示，其中本项研究涉及的区域中，武威市减少荒漠化土地 2.11 万 hm^2，金昌市减少荒漠化土地 1.45 万 hm^2。土地荒漠化总体上呈现减弱趋势，生态恶化得到一定程度的遏制。其中，荒漠化土地构成及变化情况见表 5 - 4、表 5 -

---

① 本节内容依据甘肃省林业厅提供的数据以及《甘肃省第五次荒漠化和沙化监测情况公报》等相关文献整理所得。

5、表5-6。

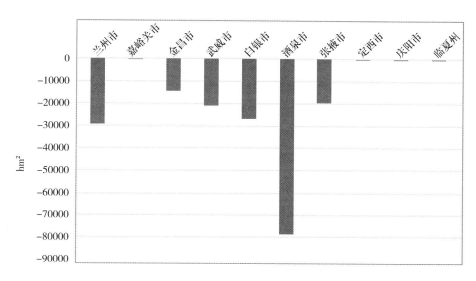

图5-1 2009—2015年甘肃省地市（州）荒漠化土地变化情况

表5-4 依照荒漠化类型划分2015年甘肃省荒漠化土地

类型	面积	占比	与2009年相比
冻融荒漠化土地	15.03 万 hm²	0.8%	减少1.24 万 hm²
盐渍化荒漠化土地	71.83 万 hm²	3.7%	增加602.3hm²
水蚀荒漠化土地	278.93 万 hm²	14.3%	减少5.98 万 hm²
风蚀荒漠化土地	1584.42 万 hm²	81.2%	减少11.98 万 hm²

表5-5 依照各气候类型区划分2015年甘肃省荒漠化土地

气候类型区荒漠化	面积	占荒漠化土地总面积比例
亚湿润干旱区荒漠化土地	262.41 万 hm²	13.5%
半干旱区荒漠化土地	669.58 万 hm²	34.3%
干旱区荒漠化土地	1018.20 万 hm²	52.2%

表 5 - 6   依照荒漠化程度划分 2015 年甘肃省荒漠化土地变化情况①

程度	面积	占比	与 2009 年相比
极重度荒漠化土地	663.38 万 hm²	34.0%	减少 49.43 万 hm²
重度荒漠化土地	303.28 万 hm²	15.6%	增加 13.56 万 hm²
中度荒漠化土地	657.72 万 hm²	33.7%	增加 5.67 万 hm²
轻度荒漠化土地	325.82 万 hm²	16.7%	增加 11.07 万 hm²

甘肃省沙化土地面积 1217.02 万 hm²，占全省土地总面积的 28.6%，比 2009 年减少 7.42 万 hm²，各地州（市）沙化土地增加情况如图 5 - 2 所示。本书涉及的区域中，武威市减少 0.60 万 km²，金昌市减少减少 0.54 万 km²，需要指出是甘南州沙化土地增加了 0.17 万 km²，说明甘肃省土地沙化虽然总体上呈现减弱趋势，生态恶化得到一定程度的遏制，但是局部地区呈现一定程度的恶化趋势，需要引起足够的重视。沙化土地构成及变化情况见表 5 - 7、表 5 - 8。资料显示，随着沙化土地治理效果的不断显现，2015 年底甘肃省有明显沙化趋势的土地②面积为 177.55 万 hm²，占全省土地总面积的 4.2%，与 2009 年相比减少了 38.78 万 hm²。其中本书涉及的武威市减少 8.04 万 hm²，金昌市减少 4.86 万 hm²。

---

① 根据国家林业局制定的《全国荒漠化和沙化监测技术规定》（2013 修订），沙化程度分为四级：Ⅰ轻度：植被盖度 >40%（极干旱、干旱区、半干旱）或 >50%（其他气候类型区），基本无风沙流活动的沙化土地；或一般年景作物能正常生长、缺苗较少（一般作物缺苗率 <20%）的沙化耕地。Ⅱ中度：25% <植被盖度≤40%（极干旱、干旱区、半干旱）或 30% <植被盖度≤50%（其他气候类型区），风沙流活动不明显的沙化土地；或作物长势不旺、缺苗较多（一般 20%≤作物缺苗率 <30%）且分布不均的沙化耕地。Ⅲ重度：10% <植被盖度≤25%（极干旱、干旱区、半干旱）或 10% <植被盖度≤30%（其他气候类型区），风沙流活动明显或流沙纹理明显可见的沙化土地；或植被盖度≥10% 的风蚀残丘、风蚀劣地及戈壁；或作物生长很差、作物缺苗率≥30% 的沙化耕地。Ⅳ极重度：植被盖度≤10% 的沙化土地。

② 有明显沙化趋势的土地指由于过度利用或水资源匮乏等因素导致的植被严重退化，生产力下降，地表偶见流沙点或风蚀斑，但尚无明显流沙堆积形态的土地。有明显沙化趋势的土地是临界于沙化与非沙化土地之间的一种退化土地，虽然目前还不是沙化土地，但已具有明显的沙化趋势。

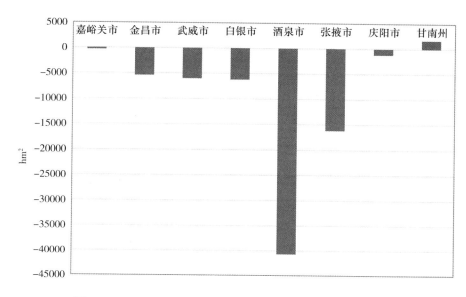

图 5 - 2　2009—2015 年甘肃省地市（州）沙化土地变化情况

表 5 - 7　　依照沙化类型划分 2015 年甘肃省沙化土地变化情况

类型	面积	占比	与 2009 年相比
沙化耕地	5.55 万 hm²	0.5%	减少 0.64 万 hm²
戈壁	695.41 万 hm²	57.1%	减少 3.83 万 hm²
风蚀劣地	13.61 万 hm²	1.1%	减少 2.45 万 hm²
风蚀残丘	3.99 万 hm²	0.3%	增加 1.94 万 hm²
非生物治沙工程地	847.7 hm²	0.01%	减少 868.2 hm²
露沙地	4.39 万 hm²	0.4%	增加 0.23 万 hm²
固定沙地（丘）	174.88 万 hm²	14.4%	增加 2.51 万 hm²
半固定沙地（丘）	133.76 万 hm²	11.0%	增加 8.54 万 hm²
流动沙地（丘）	185.36 万 hm²	15.2%	减少 13.63 万 hm²

表 5 - 8　　依照沙化程度划分 2015 年甘肃省沙化土地变化情况

程度	面积	占比	与 2009 年相比
极重度沙化土地	699.30 万 hm²	57.4%	减少 40.04 万 hm²
重度沙化土地	255.07 万 hm²	21.0%	减少 1.05 万 hm²

程度	面积	占比	与 2009 年相比
中度沙化土地	198.14 万 hm²	16.3%	增加 19.97 万 hm²
轻度沙化土地	64.53 万 hm²	5.3%	增加 13.70 万 hm²

二 研究区沙化土地封禁保护区建设概况

沙化土地封禁保护区建设实施以来,甘肃省共分三批次进行了建设。其中,第一批涉及的县域有敦煌市、金塔县、临泽县、民乐县、永昌县和民勤县,建设时间为 2013 年 12 月至 2019 年 12 月;第二批涉及的县域有玉门市、金川区、凉州区、古浪县、景泰县和环县,建设时间为 2014 年 12 月至 2020 年 12 月;第三批次涉及的县域有高台县、阿克塞哈萨克族自治县,建设时间为 2016 年 12 月至 2022 年 12 月,共计 15 个县域。甘肃省的沙化封禁保护区建设项目分布于极旱(敦煌市)—干旱—半干旱荒漠区(环县),地貌类型有戈壁、沙漠、流动沙地等;降雨量在 40—400mm 区间。尤其本项研究涉及的五县(区)的沙化土地封禁保护区更是干旱少雨、自然条件恶劣,天然植被单调稀疏,地表稳定性差。

沙化土地封禁保护区基础设施建设期为一年,本书涉及的区域目前均已完成项目建设验收工作,运行期为 7 年,2017 年底均已完成沙化土地封禁保护区中期社会经济效益与生态效益监测工作。研究区域的沙化土地封禁保护区及基本建设状况,参阅表 5-9、表 5-10。作为一项土地沙漠化防治的重要工程,需要从学理上进行论证与阐述,譬如:保护区建设的合理性与科学性如何,封禁保护区建设对当地社区农户的生产生活的影响如何,项目区(即沙化土地封禁保护区建设涉及的乡镇与社区)的居民与保护区的相互关系如何,保护区建设牵涉的利益主体与保护区的关系如何等问题。本项研究正是基于以上议题以环境公平为研究视角作的相关研究探讨。

表5-9 本书涉及的沙化土地封禁保护区区位情况

县（区）	保护区名称	区域坐标	面积（hm²）
民勤县	梭梭井沙化土地封禁保护区	E102°53′16.659″～E102°35′16.729″ N38°39′55.84″～N38°49′40.728″	15900
永昌县	清河绿洲北部沙化土地封禁保护区	E102°10′～E102°42′ N38°07′～N38°24′	18100
金川区	小山子沙化土地封禁保护区	E101°59′58″～E102°07′56″ N38°44′19″～N38°53′03″	10500
凉州区	夹漕滩沙化土地封禁保护区	E102°57′10″～E103°06′24″ N37°50′50″～N37°57′57″	10000
古浪县	麻黄塘沙化土地封禁保护区	E103°22′41″～E103°48′48″ N37°41′52″～N37°51′31″	10500

表5-10 本书涉及的沙化土地封禁保护区建设概况

县（区）	涉及乡镇	基线盖度	封禁理由	管护人员	管护方式方法
民勤县	红沙岗镇	3%—10%	沙化面积大，类型多样，常规治理难度大，严重威胁人民群众的生产生活	6人	围栏封育，日常巡护，辅以固沙造林
凉州区	长城乡、吴家井乡	3%—10%	沙化土地封禁和风沙治理的好坏直接影响到河西绿洲的生态安全	6人	封禁管护，开展"五禁"① 活动，人工专业管护
永昌县	水源镇、朱王堡镇	10%	重要的沙尘源区和沙尘路径区	50人	封禁保护，人工专业管护
古浪县	治沙林场	5%—35%	沙化土地面积较大，治理难度大，对绿洲农业生产和群众生活造成的破坏性较强	12人	围栏封育，人工巡护，对重点区域辅助以固沙造林

① 五禁：严禁违法开荒、打井、在禁牧区放牧、乱采滥伐、野外放火。

续表

县（区）	涉及乡镇	基线盖度	封禁理由	管护人员	管护方式方法
金川区	宁远堡镇	10%	治理效果直接影响河西绿洲生态安全	12人	封禁保护，人工专业管护

第三节　数据来源及基本情况分析

一　调查过程及数据来源

本书的五个县（区）中，民勤县、永昌县属于甘肃省沙化土地封禁保护区建设第一期涉及的县域，古浪县、平凉区、金川区属于甘肃省沙化土地封禁保护区建设第二期涉及的县域。由于封禁保护区所处的环境各有不同，所选择的样本村所处的生态环境各有特点，所种的粮食与经济作物也不尽相同，但是总体而言，沙化土地封禁保护区周边生态环境脆弱，农民生存环境相对恶劣。近年来由于生态环境不断恶化，水资源不断枯竭，各保护区周边农户均不同程度面临风沙推进、农田淹没、河床抬高、地下水位下降等情况。沙化土地封禁保护区建设正是基于这样的背景作为生态恢复和生态屏障建设而设立的。

本书旨在分析土地沙漠化防治项目区（即沙化土地封禁保护区）相关利益主体的环境公平评估，利益主体包括中央政府、地方政府和社区农民。因为人只要生活在一定环境中，就必然与所处环境发生广泛而复杂的联系，所以基础数据的调查对象主要是农民、林业局的工作人员和保护区管护人员，其中对于农民的调研包括项目区农民和非项目区农民，之所以选择非项目区农民，是因为没有沙漠化防治前的数据，所以选择了与该项目区建设区位相同生产生活与生态环境相似的非项目区作为研究的对照组。如表5－11所示，每个项目区选择项目建设涉及的村落或社区2—3个，每个非项目区选择1个与项目区村落基本状况相似的村落或社区。样本点选择的过程中，听取了有关专家的意见，参考了当地林业局负责人的意见和项目区管护人员的意见，样本点确定后作为长期观测的固定点定期抽样监测。研究人员先后于 2014 年 6 月至 2017 年 5 月对研究区的样本点进行了 7 次问卷调查、座谈与考察。本书使用的主要数据来自于其中 6 次针对农民的问卷调查数据（抽样方式为简单随机抽样）和 5 次针对管理人员的问卷调查和访谈。如表 5 - 11、表 5 - 12 所示，2014 年 6 月 5 日至 6 月 13 日研究人员对第一期的民勤县和永昌县做了基线调查，调查对象为项目区农民，各县林业局工作人员，保护区管护人员；2014 年 10 月 11 日至 10 月 18 日研究人员对第一期民勤县和永昌县的非项目区的农民做了基线问卷调查；2015 年 4 月 22 日至 2015 年 4 月 30 日研究人员对第二期的古浪县、凉州区和金川区做了基线调查，调查对象为项目区农民，各县林业局工作人员，保护区管护人员；2015 年 7 月 8 日至 15 日研究人员对第二期的古浪县、凉州区和金川区的非项目区做了基线问卷调查；2015 年 9 月 20 日至 26 号研究人员对古浪县、凉州区和金川区的沙化土地封禁保护区进行考察，考察方式包括现场观察，工作人员座谈等，考察的目的是探讨项目本身及实施过程中遇到的困难、问题及解决思路与措施以及取得了哪些成功的经验等，期望通过考察对甘肃省封禁保护区做出科学的社会经济效益评估，并在封禁保护区效益、政策、管护模式、生态修复、生态效率影响因素等方面作出先进的科学成果，本次考察撰写了《甘肃省沙化土地封禁保护区考察提要及访谈录音整理报告》（节选）见附录 3；2016 年 8 月 8 日至 28 日研究人员对第一期的民勤县和永昌县项目区、非项目区、各县林业局工作人员以及保护区管护人员作了中期问卷调查，对各县相关职能部门，包括各县统计局、气象局、国土资源局和发改委等收集二手资料；2017 年 5 月 12 日至 25 日研究人员对第二期的古浪县、凉州区和金川区的项目区、非项目区、各县林业局工作人员以及保护区管护人员作了中期问卷调查，对各县相关职能部门收集了二手资料，二手资料信息清单见附录 4。本项研究从甘肃省治沙所、甘肃民勤荒漠草地生态系统国家野外科学观测研究站、甘肃省林业厅等相关职能部门获得大量相关数据。样本点的选取、问卷调查的时间分布、问卷的分数等信息参阅表 5 - 11、表5 - 12、表 5 - 13。

如表 5 - 12 所示，本书对工作人员的有效调查问卷共计 121 份，其中基线调查问卷 57 份，中期调查问卷 64 份。如表 5 - 13 所示，本项研究对项目区农民调查了 445 份问卷，有效问卷 427 份，有效率为 96.0%，其中基线的问卷为 271 份，中期的问卷为 160 份；对非项目区的农民调查了 213 份问卷，有效问卷 198 份，有效率为 93.0%，其中基线的问卷为 148 份，中期的问卷为 50 份。

表 5-11　　　　　　　　研究区域样本点分布及调查时间

县（区）	项目区		非项目区	
	样本村庄	调查时间	样本村庄	调查时间
民勤县	王某村 八一村	2014. 6. 5—2014. 6. 13 2016. 8. 8—2016. 8. 28	邓公村	2014. 10. 11—2014. 10. 18 2016. 8. 8—2016. 8. 28
永昌县	郑家堡村 西沟村	2014. 6. 5—2014. 6. 13 2016. 8. 8—2016. 8. 28	方沟村	2014. 10. 11—2014. 10. 18 2016. 8. 8—2016. 8. 28
凉州区	红水村 西湖村	2015. 4. 22—2015. 4. 30 2017. 5. 12—2017. 5. 25	王家庄村	2015. 7. 8—2015. 7. 15 2017. 5. 12—2017. 5. 25
金川区	营盘村 龙寨村 下冈村	2015. 4. 22—2015. 4. 30 2017. 5. 12—2017. 5. 25	下四分村	2015. 7. 8—2015. 7. 15 2017. 5. 12—2017. 5. 25
古浪县	红柳湾村 元庄村 廖家井村	2015. 4. 22—2015. 4. 30 2017. 5. 12—2017. 5. 25	西川村	2015. 7. 8—2015. 7. 15 2017. 5. 12—2017. 5. 25

表 5-12　　　　本书针对林业局工作人员与管护人员的问卷调查基本情况

县（区）	调查时间	有效问卷（份）	调查时间	有效问卷（份）
民勤县	2014. 6. 5—2014. 6. 13	10	2016. 8. 8—2016. 8. 28	22
永昌县	2014. 6. 5—2014. 6. 13	12	2016. 8. 8—2016. 8. 28	10
金川区	2015. 4. 22—2015. 4. 30	10	2017. 5. 12—2017. 5. 25	10
凉州区	2015. 4. 22—2015. 4. 30	10	2017. 5. 12—2017. 5. 25	12
古浪县	2015. 4. 22—2015. 4. 30	15	2017. 5. 12—2017. 5. 25	10

表 5-13　　　　　　　　本书针对农户的问卷调查基本情况　　　　　　单位：份

			2014 年	2015 年	2016 年	2017 年	合计
民勤县	项目区	总问卷	50		32		82
		有效问卷	41		31		72
	非项目区	总问卷	33		10		43
		有效问卷	30		10		40
永昌县	项目区	总问卷	60		32		92
		有效问卷	56		30		86
	非项目区	总问卷	32		10		42
		有效问卷	28		10		38
金川区	项目区	总问卷		59		30	89
		有效问卷		58		29	87
	非项目区	总问卷		32		10	42
		有效问卷		30		10	40
凉州区	项目区	总问卷		59		35	94
		有效问卷		59		35	94
	非项目区	总问卷		31		12	43
		有效问卷		30		10	40
古浪县	项目区	总问卷		57		31	88
		有效问卷		57		31	88
	非项目区	总问卷		32		11	43
		有效问卷		30		10	40
合计	项目区	总问卷	110	175	64	96	445
		有效问卷	97	174	61	95	427
	非项目区	总问卷	65	95	20	33	213
		有效问卷	58	90	20	30	198

二　调查数据的基本情况分析

从性别上讲，如图 5-3 所示，项目区受访者男性占 59.72%，女性占 40.28%，非项目区受访者男性占 63.13%，女性占 36.87%。从受教育程度讲，如图 5-4 所示，项目区受访者小学及以下的占 28.1%，初中的占 39.58%，高中（含高职）的占 25.52%，大专及以上的占 6.78%，非项目区受访者中，小学及以下的占 43.43%，初中的占 33.84%，高中

（含高职）的占 19.7%，大专及以上的占 3.03%。从年龄分布上讲，如图 5-5、图 5-6 所示，项目区受访者年龄介于 26 岁至 86 岁，呈近似对称分布，非项目区受访者年龄介于 17 岁至 84 岁，呈近似对称分布。

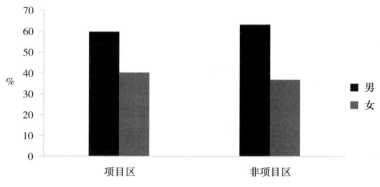

图 5-3 受访者的性别比例

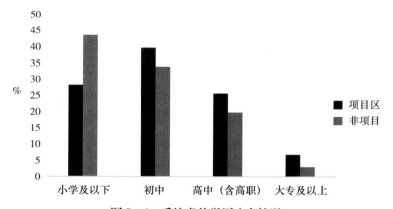

图 5-4 受访者的学历分布情况

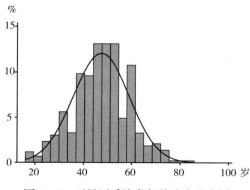

图 5-5 项目区受访者年龄分布直方图

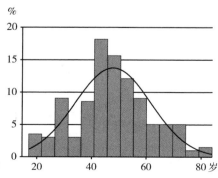

图 5-6 非项目区受访者年龄分布直方图

三　调查问卷的信效度分析

信度是指根据测量工具分析所得结果的可靠性或稳定性，学界一般使用 L. Cronbach 所创的 α 系数[1]，其公式为：

$$\alpha = \frac{K}{K-1}\left(1 - \frac{\sum S_i^2}{S^2}\right) \qquad (5-1)$$

其中 K 为量表的题目数，$\sum S_i^2$ 为量表的方差总和，S^2 为量表总分的方差。α 系数其值范围是 $[0,1]$，其值出现 0 或者 1 是极端情况，发生的概率很低。一般情况下 α 系数值越大信度越高，其判别原则一般遵循表 5-14 所列标准。本书在分析中观层面和微观层面环境公平时使用了问卷调查数据，其中，中观层面环境公平涵盖：生产条件、生活状况、社会资本、资源条件、生态状况和环保意识共 6 个一级指标；微观层面环境公平涵盖：农民经济发展状况、农民社会资本、农民生态行为与态度、生态现状感知、沙漠化防治效果感知 5 个一级指标。

表5-14　　　　　　　内部一致性信度系数指标判断原则[2]

α 信度系数值	整个量表
$[0, 0.50)$	非常不理想，舍弃不用
$[0.50, 0.60)$	不理想
$[0.60, 0.70)$	勉强接受
$[0.70, 0.80)$	可以接受
$[0.80, 0.90)$	佳（信度高）
$[0.90, 1.00]$	非常理想

效度是指能够测到该测验所欲测（使用者所设计的）心理或者行为特质到何种程度。研究的效度包括内在效度和外在效度两种：内在效度指所研究叙述的正确性与真实性；外在效度则研究推论的正确性。在量

---

①　吴明隆：《问卷统计分析实务》，重庆大学出版社 2010 年版，第 194—265 页。

②　吴明隆：《问卷统计分析实务》，重庆大学出版社 2010 年版，第 194—265 页。

表分析中常用主成分分析与共同因素分析两种方法抽取成分或者因素，其中因素分析是一种潜在的结构分析法。在直交转轴状态下，所有的共同因素间彼此没有相关；在斜交转轴情况下，所有的共同因素间彼此就有相关。因素分析法最常用的理论模型①如下：

$$Z_j = a_{j1}F_1 + a_{j2}F_2 + a_{j3}F_3 + \cdots + a_{jm}F_m + U_j \qquad (5-2)$$

式（5-2）中，Z_j 为第 j 个变量的标准化分数，F_i 为共同因素，m 为所有变量共同因素的数目，U_j 为变量 Z_j 唯一因素；a_{ji} 为因素负荷量或者组型负荷量，表示第 i 个共同因素对 j 个变量的变异量贡献，组型负荷量是一种因素加权值。题项间是否适合进行因素分析，一般依据取样适切性量数（KMO）值的大小来判别。在采用因素分析时，KMO 指标值的判别准则如表 5-15 所示。

表 5-15　　　　　　　　　　　KMO 指标值的判别准则②

KMO 统计量值	判别说明	因素分析适切性
0.90 以上	极适合进行因素分析	极佳
0.80 以上	适合进行因素分析	良好
0.70 以上	尚可进行因素分析	适中
0.60 以上	勉强可进行因素分析	普通
0.50 以上	不适合进行因素分析	欠佳
0.50 以下	非常不适合进行因素分析	无法接受

从表 5-16 为执行 SPSS 信度检验结果，"Cronbach's Alpha" 值为原始信度，原始内部一致性 α 系数为 0.805，"基于标准化项的 Cronbach's Alpha" 值为标准化信度，标准化信度的 α 系数为 0.803. 依据表 5-15 所列的标准，α 系数在 0.80 以上，表示本项研究的调查问卷内部一致性信度甚佳。表 5-17 为依据人员效应随机而测量效应固定的双向混合效应模型

---

① Kaiser H. F., Rice J., Little Jiffy, Mark Ⅳ. [J]. Journal of Educational & Psychological Measurement, Vol. 34, No. 1, 1974, pp. 111-117.

② 吴明隆：《问卷统计分析实务》，重庆大学出版社 2010 年版，第 194—265 页。

所做的同类相关系数统计结果，从表中可以看出，单个测量和平均测量同类相关性值分别为 0.158 和 0.805，均在 1% 的显著水平上显著。进一步表明本书的调查问卷内部一致性具有较高的信度。

表 5 - 16　　　　　　　　　量表可靠性统计量

Cronbach's Alpha	基于标准化项的 Cronbach's Alpha	项数
0.805	0.803	22

表 5 - 17　　　　　　　　　量表同类相关系数

	同类相关性[b]	95% 置信区间		使用真值 0 的 F 检验			
		下限	上限	值	自由度 1	自由度 2	显著性
单个测量	0.158[a]	0.091	0.275	5.136	29	609	0.000
平均测量	0.805[c]	0.688	0.893	5.136	29	609	0.000

注：人员效应随机而测量效应固定的双向混合效应模型。

a. 无论是否存在交互效应，估算量均相同。

b. 使用一致性定义的 C 类同类相关系数。从分母方差中排除了测量间方差。

c. 此估算在假定不存在交互效应的情况下进行计算，否则无法估算。

表 5 - 18　　　　　　　量表的 KMO 和 Bartlett 检验

KMO 取样适切性量数		0.825
Bartlett 球形度检验	近似卡方	1378.927
	自由度	210
	显著性	0.000

表 5 - 19　　　　　　　　　量表总方差解释

成分	初始特征值			提取载荷平方和			旋转载荷平方和		
	总计	方差百分比（%）	累积（%）	总计	方差百分比（%）	累积（%）	总计	方差百分比（%）	累积（%）
1	3.776	29.047	29.047	3.776	29.047	29.047	2.388	18.370	18.370

续表

成分	初始特征值			提取载荷平方和			旋转载荷平方和		
	总计	方差百分比（％）	累积（％）	总计	方差百分比（％）	累积（％）	总计	方差百分比（％）	累积（％）
2	2.705	20.807	49.854	2.705	20.807	49.854	2.352	18.095	36.466
3	1.870	14.388	64.242	1.870	14.388	64.242	2.185	16.811	53.277
4	1.367	10.514	74.757	1.367	10.514	74.757	2.057	15.825	69.103
5	1.055	8.115	82.871	1.055	8.115	82.871	1.790	13.769	82.871
6	.799	6.146	89.017						
以下数据省略									

注：提取方法：主成分分析法。

如表 5-18 所示，经计算分析，本书量表的 KMO 值为 0.825，依据表 5-15 所展示的标准，指标统计量大于 0.80，即认为本书量表设计性质良好，变量间具有共同的因素存在，适合做因素分析。在 Bartlett 球形度检验中 χ^2 值为 1378.927，自由度为 210，显著水平为 0.00，可以拒绝原假设，即拒绝变量间净相关系数矩阵不是单元矩阵，即总体相关矩阵间具有共同因素存在，适合做因素分析，即本书的问卷具有较高的效度。如表 5-19 所示，量表的总方差解释采取主轴因子萃取法，共抽取了 5 个共同因素，5 个因素特征值分别为 3.776、2.705、1.870、1.367、1.055，联合解释总方差为 82.871%，远大于 60%[1]，表示抽取的公共因素具有良好的效度。

四 项目区受访者家庭人均收入影响因素分析

本项研究探讨的是土地沙漠化防治中的环境公平问题，对该问题的研究涉及一个很重要的经济指标就是受访者的收入，由于农民的收入表现出以家庭为单位的特征，所以本部分首先使用家庭人均年收入来分析受访者的收入状况，通过分析家庭人均年收入的影响因素不仅有助于了

---

[1] 依据吴明隆《问卷统计分析实务》（第 232 页）阐述的标准如果萃取后的因素能解释所有变量 50% 以上的变异量，即萃取结果可以接受，60% 以上则表示萃取结果较好。

解农村居民生产、消费以及其他经济活动，而且为下一步分析环境公平奠定基础。

　　按照统计部门的划分标准农村家庭收入一般涵盖土地经营性收入、畜牧业收入、劳务收入、家庭经营收入、财产性收入、财政转移支付收入等方面内容，本书主要依据调研数据运用分位数回归等分析模型，对项目区农村居民家庭人均年收入的影响因素进行探讨。如图 5－7 第一排第三个图例所示，项目区家庭人均年收入分布比较广，少数高收入人群与较集中的低收入人群的收入差距比较明显，相对于正态分布，人均收入呈左偏尖峰分布，说明低收入人群占有较高份额，居民人均收入水平较低，具有很高的集中趋势，右侧有一个长长的拖尾，说明存在个别收入较高的家庭。在分析人均家庭收入的影响因素时，一般的回归分析会受到极端值的影响，而分位数回归由于能够对因变量进行区段划分之后再分析影响因素，能够较好地解决极端值分布情况。

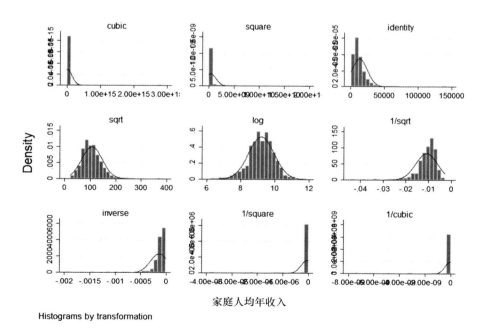

图 5－7　项目区受访者家庭人均年收入经平减处理后
幂阶梯转换的正态性检验

（1）模型和方法

根据已有的研究成果①，本项研究中，采用分位数回归的评估方法对样本进行分析。分位数回归模型②利用解释变量 X 和被解释变量 Y 的条件分位数进行建模，用于揭示自变量 X 对因变量 Y 分布的影响。假设 $y_q(x)$ 为条件分布函数，该函数是解释变量 x 的函数，其方程式可以表示如下：

$$y_q(x_j) = x'_j\beta_q + u$$
$$u = x'_j\alpha \cdot \varepsilon \qquad\qquad (5-3)$$
$$\varepsilon \sim \text{iid}(0, \sigma^2)$$

其中，u 为扰动项，当 $x'_j\alpha \neq 0$ 时，若 $x'_j\alpha$ 为常数，则扰动项 u 为同方差，若 $x'_j\alpha$ 为非常数，则扰动项 u 为乘积形式为异方差，β_q 为样本分位数估计系数，其值可以用最小化绝对离差估计值定义，计算式为：

$$\hat{\beta}_q = \min_{\beta_q} \sum_{i:y_i \geqslant x'_i\beta_q}^{n} q|y_i - x'_i\beta_q| + \sum_{i:y_i < x'_i\beta_q}^{n} (1-q)|y_i - x'_i\beta_q|$$

$$(5-4)$$

根据以上的分析，本书将家庭人均收入作为因变量，将其影响因素作为自变量，建立了以下分位数回归模型：

$$\theta_\tau[Y|X] = \alpha_\tau + X'\beta_\tau \qquad\qquad (5-5)$$

其中，依据图 5-8 所示，项目区受访者家庭人均年收入呈偏态尖峰分布，而该图第二列中间的图例显示，该值的对数分布呈正态分布，所以，本书使用家庭人均年收入的对数表示因变量，即用 Y 表示③，X 表示影响 Y 的各个因素，它包括：家庭人均年耕地面积（pcl）④，家庭劳动力人数比例（wkf）⑤，家庭劳动力平均受教育年限（avy）⑥，家庭劳动力平均工

---

① 韦惠兰、王光耀：《沙化区农户家庭总收入结构对家庭生活消费支出的影响分析——基于甘肃 12 县域数据》，《干旱区资源与环境》2017 年第 12 卷。

② R Koenker, KF Hallock. Quantile Regression: An Introduction [J]. Journal of Economic Perspectives, Vol. 101, No. 475, 2000, pp. 445-446.

③ 家庭人均年收入 = 家庭年总收入/家庭总人数；

④ pcl = 受访者家庭耕种总面积/家庭总人数；

⑤ wkf = 受访者家庭劳动力人数/家庭总人数；

⑥ avy = 受访者家庭劳动力受教育年限的总数/家庭劳动力总数，其中受教育年限，文盲为 0 年，小学为 6 年，初中为 9 年，高职、高中为 12 年，大专为 15 年，本科为 16 年，研究生为 19 年。

作年限（aky）[①]，家庭劳动力平均工作经验的边际收入变化（ake）[②]，家庭农业机械化程度（amd）[③]，β_τ 为各个变量进行参数估计的第 τ 个分位数的系数（见表 5 – 20）。

表 5 – 20　　　　　　项目区受访者家庭人均年收入的 OLS 估计与

分位数回归估计（模型Ⅰ）

	ols	qr_ 10	qr_ 25	qr_ 50	qr_ 75	qr_ 90
pcl	0. 00946 *	– 0. 0105	0. 00476	0. 0212 ***	0. 0322 ***	0. 0330 ***
	（ – 0. 00528）	（ – 0. 0123）	（ – 0. 00703）	（ – 0. 0055）	（ – 0. 00596）	（ – 0. 00802）
wkf	1. 031 ***	2. 156 ***	1. 697 ***	1. 066 ***	1. 037 ***	0. 196
	（ – 0. 264）	（ – 0. 617）	（ – 0. 352）	（ – 0. 275）	（ – 0. 298）	（ – 0. 402）
avy	0. 0394 **	0. 0427	0. 0609 **	0. 0544 ***	0. 0327	0. 0157
	（ – 0. 0198）	（ – 0. 0463）	（ – 0. 0264）	（ – 0. 0207）	（ – 0. 0224）	（ – 0. 0301）
aky	– 0. 0143	0. 00165	0. 004	– 0. 007	– 0. 0203	– 0. 0431
	（ – 0. 0198）	（ – 0. 0462）	（ – 0. 0263）	（ – 0. 0206）	（ – 0. 0223）	（ – 0. 0301）
ake	– 0. 0196	– 0. 0575	– 0. 0643	– 0. 029	0. 00694	0. 0759
	（ – 0. 0453）	（ – 0. 106）	（ – 0. 0603）	（ – 0. 0472）	（ – 0. 0511）	（ – 0. 0688）
amd	0. 0169	– 0. 132	– 0. 033	0. 0868 **	0. 0951 **	0. 131 **
	（ – 0. 0412）	（ – 0. 0961）	（ – 0. 0548）	（ – 0. 0429）	（ – 0. 0464）	（ – 0. 0625）
_ cons	12. 61 ***	11. 17 ***	11. 53 ***	12. 12 ***	12. 93 ***	14. 06 ***
	（ – 0. 35）	（ – 0. 817）	（ – 0. 466）	（ – 0. 364）	（ – 0. 395）	（ – 0. 531）
N	427	427	427	427	427	427

注：回归系数下面括号内为标准误；*** 、** 和 * 分别为 1% 、5% 和 10% 的显著水平。

本书把 OLS 回归与分位数回归一并纳入到分析中。从表 5 – 14 可以看出，aky、ake 在整体上和各个分位段上影响均不显著，表明在项目区农村社区，劳动力的工作年限和工作经验的边际收入变化均与家庭人均

————————

① aky = 受访者家庭劳动力工作年限总值/家庭劳动力人数，其中，个人工作年限 =（个人实际年龄减去受教育年限再减去 6），对于受教育年限很短的，一般是工作年龄定为 18 岁，即实际年龄值减去 18。

② ake = aky²/100

③ amd = 家庭拥有的非人力生产工具与运输工具数量/家庭总人数。

年收入没有显著相关性。本书认为项目区社区主要分布在土地沙漠化比较严重的地区，社会整体的生产方式还处于粗放式的发展状态，这种年复一年的低技术式生产劳作方式并没有随着工作年限的增长而有所改观，且其收入的高低与周边的生态环境有紧密的关系，所以表现出家庭劳动力平均工作年限、家庭劳动力平均工作经验的边际收入变化的不显著影响（见表 5 – 21）。

表 5 – 21　　　　　项目区受访者家庭人均年收入的 OLS 估计与
分位数回归估计（模型 Ⅱ）

	ols	qr_ 10	qr_ 25	qr_ 50	qr_ 75	qr_ 90
pcl	0.0107 **	− 0.00796	0.00874	0.0250 ***	0.0332 ***	0.0341 ***
	(− 0.00532)	(− 0.0114)	(− 0.00751)	(− 0.00529)	(− 0.00594)	(− 0.00789)
wkf	0.947 ***	1.784 ***	1.635 ***	1.038 ***	0.743 **	0.254
	(− 0.266)	(− 0.57)	(− 0.376)	(− 0.265)	(− 0.297)	(− 0.395)
avy	0.0632 ***	0.0414	0.0857 ***	0.0655 ***	0.0681 ***	0.0282
	(− 0.0187)	(− 0.0402)	(− 0.0264)	(− 0.0186)	(− 0.0209)	(− 0.0278)
amd	0.00443	− 0.150 *	− 0.0609	0.0436	0.151 ***	0.179 ***
	(− 0.0406)	(− 0.087)	(− 0.0572)	(− 0.0403)	(− 0.0452)	(− 0.0601)
_ cons	12.11 ***	11.17 ***	11.21 ***	11.86 ***	12.25 ***	13.24 ***
	(− 0.225)	(− 0.483)	(− 0.318)	(− 0.224)	(− 0.251)	(− 0.334)
N	427	427	427	427	427	427

注：回归系数下面括号内为标准误；***、** 和 * 分别为 1%、5% 和 10% 的显著水平。

模型 Ⅱ 是在模型 Ⅰ 的基础上进行改进，剔除不显著因素得到的。模型 Ⅱ 的估计结果如表 5 – 15 所示。

（2）结果分析

如表 5 – 15 所示，可以看出：

家庭人均年耕地面积 OLS 回归在 5% 显著性水平上显著，分位数回归在 50%、75% 以及 90% 的分段位上检验显著，显著性水平为 1%，且呈正相关关系，说明土地经营收入正向影响农民的家庭总收入和家庭人均年收入，尤其是对于中高收入的家庭影响更突出，说明对于低收入家庭单纯通过增加土地供给量未必能够提高其家庭人均年收入，需要投入一定量的资金、技术和劳动力。

家庭劳动力人数比例 OLS 回归在 1% 显著水平上与家庭人均年收入呈正相关关系，且系数估计值为 0.947，远高于其他影响因素，说明项目区受访者家庭人均年收入的最主要影响因素是家庭劳动力的数量。从分位数回归上看，在 10%、25%、50% 分位段，回归系数均大于 1，且均在 1% 的显著水平上显著，而 75% 分位段的回归系数为 0.743，在 5% 显著水平显著，90% 分位段回归不显著，说明家庭劳动力数量对于低收入家庭人均收入影响较大，随着家庭收入的增加影响力逐渐降低。

家庭劳动力平均受教育年限 OLS 回归在 1% 的显著水平上通过检验，且呈正相关关系，其值仅次于家庭劳动力人数比例对家庭人均年收入的回归系数，说明劳动力的受教育程度很大程度上影响项目区农民家庭人均年收入的大小，受教育程度越高越有利于提高家庭人均年收入。从分位数回归上看，在 25%、50%、75% 三个分位段回归系数在 1% 显著水平上显著，在 10% 和 90% 分位段上不显著，说明劳动力平均受教育年限对家庭人均年收入的影响主要集中在中等家庭收入水平上。

家庭农业机械化程度 OLS 回归系数不显著，在分位数回归中，10% 分位段回归在 10% 显著水平上呈负相关关系，在 25% 和 50% 分位段回归不显著，75% 和 90% 分位段在 1% 显著水平呈正相关关系，说明农业机械化水平对于低收入家庭并没有促进其家庭人均收入，且对人均收入具有阻碍作用，对于中低收入家庭影响不显著，对于较高收入家庭的人均收入具有显著的促进作用，农业机械化程度会一定程度增加低收入家庭的生产成本，有利于促进高收入家庭人均收入。

第 六 章

宏观层面环境公平分析

本章节主要论述土地沙漠化防治中宏观层面利益主体的环境公平问题，涵盖宏观层面的界定，宏观层面环境公平模型的构建，指标体系的构建等内容。在模型构建和指标体系构建的基础上，分析宏观层面利益主体土地沙漠化防治的目标（生态安全）的实现情况，并依据构建的环境公平模型分析环境公平情况。

第一节 宏观层面环境公平评价标准与依据

一 宏观层面的界定

根据前文的分析，土地沙漠化防治过程中，宏观利益主体是以中央政府为代表的群体，在沙漠化防治中宏观利益主体的行为选择是理性的，其理性选择的依据是其在土地沙漠化防治中的目标。在土地沙漠化防治中，中央政府作为全国人民的利益代表，在土地沙漠化防治中的目标是近期和长期生态效益的发挥、生态系统获得持续的改善，即能够获得生态安全。沙漠化防治作为一项社会公益性的事业，其产生的生态效益不仅使项目区受益，其受益范围能够辐射项目区外很大区域，在一定程度上，一些大的生态工程建设项目（如三北防护林），其生态效益不仅涵盖整个国土范围，也能影响国土外的其他国家。本书中项目区涉及范围相对较小，其生态效益的影响范围有限，况且每个县域内建设的生态工程不止一个，各个生态工程项目均对县域内的生态环境产生影响，且从广阔的空间上讲生态工程项目之间也会存在交叉影响的情况，所以本书把宏观层面的范围界定为项目区和项目区涉及的县域。在本书中，土地沙漠化防治投资的主体是中央政府，实施的主体是地方政府，存在着"中央政府—地方政府—项目管理方—项目承包方"多层级的委托代理关系。在这个多层级代理关系中，中央政府作为宏观层面利益主体与地方政府作为中观层面利益主体在治理目标上存在一定的差异。中央政府目标是追求生态效益的最大化，地方政府不但追求生态效益也追求经济效益，随着《生态文明建设目标评价考核办法》的实施，地方政府与中央政府在生态建设与治理方面的目标差异性逐渐缩小，但是在具体实施的过程中依然存在一定的差异。具体来说，即地方政府在土地沙漠化防治中存在重速度轻质量、重规模轻效益、重建设轻保护等方面表现，所以这就决定了中央政府也需要从县域层面的生态安全方面监测地方政府在代理生态建设方面实施的效果。因此，基于以上考虑，本书把宏观层面的范围定位为县域，为了进一步监测项目区实施效果，本书把项目区生态状况也作为宏观层面的分析范畴。

需要说明的是，研究区 5 个县（区）内均存在多个土地沙漠化防治的生态工程，这些生态治理工程虽然分布在各个县（区）不同的生态治理区域，但是由于生态工程具有很强的外部性，各个生态工程存在相互影响（促进或者制约）的作用，所以分析县（区）范围内的生态安全与环境公平，其结果是各个生态工程共同作用的结果，本书在分析该问题时不做区分，仅仅作为分析其他层面环境公平问题的背景状况。

二　卡尔多－希克斯标准下生态安全与环境公平模型的构建

卡尔多－希克斯标准是由 20 世纪 30 年代经济学家尼古拉斯·卡尔多和约翰·希克斯提出的。他们认为帕累托改善之所以不被接受是因为几乎没有政策行为能够满足这样的标准。[①] 卡尔多－希克斯标准认为如果政策 A 的实施效果能够使受益者不仅能够获得补偿受损者损

---

① Hicks J. R. , "The Foundations of Welfare Economics", *Economic Journal*, Vol. 49, No. 196, 1939, pp. 696－712.

失的收益，而且补偿之后尚有结余，即该政策 A 具有潜在帕累托改进。① 钟茂初、闫文娟②认为环境公平评价存在"卡尔多 - 希克斯标准"与"戴维斯 - 诺斯标准"，前者以达到"集体效率的目标"为标准，当满足"集体效率的目标"时，基于生态环境外部性特点，其生态安全提高产生的环境效益（福利）从空间上讲会惠及同代每个个体，从时间上讲会惠及不同代的人，是实现代内公平和代际公平的前提与基础，即认为初步实现环境公平，后者认为应该分析在同一经济活动中每个行为主体的成本收益问题，只有实现每一个利益主体的成本效益均衡才能满足环境公平标准。

卡尔多 - 希克斯标准下一项公共政策具有潜在帕累托改进，即意味着社会的总体福利增加了，一般意义上公共政策或者生态治理工程具有公共物品的特征，具有不可分割性和非排他性等特点，即公共物品的外部性面向所有的消费者并且所有的消费该公共物品的个人相互不影响。所以应该从以下几个方面探讨卡尔多 - 希克斯标准下的环境公平问题：一是该标准下当利益主体确定时（如中央政府、地方政府），其能否实现环境公平判断的标准是福利的增加或者减少，这种增加或者减少是通过不同政策之间或者同一政策不同实施阶段的对比获得的，如果社会总体福利为正表明社会整体或社会中大多数人的福利有所增加，这不只是公平的前提，其本身就体现了公平③，所以整体福利增加（至少没有减少）就可以认为确定的利益主体获得了环境公平。二是由于整体是由各个利益主体组成的，整体福利的增加意味着部分个体或者全部个体福利获得了增加，所以整体福利的增加是实现微观利益增加的基础也为微观利益群体实现环境公平奠定了基础。三是社会总体环境福利的增加并不意味着社会成员环境福利获得了同质化的增加，不仅存在

---

① ［美］约翰·C. 伯格斯特罗姆、阿兰·兰多尔：《资源经济学：自然资源与环境政策的经济分析》，谢关平、朱方明等译，中国人民大学出版社 2015 年版，第 120—136 页。

② 钟茂初、闫文娟：《环境公平问题既有研究述评及研究框架思考》，《中国人口·资源与环境》2012 年第 22 卷。

③ 吕力：《论环境公平的经济学内涵及其与环境效率的关系》，《生产力研究》2004 年第 11 期。

环境福利在不同微观个体之间分配不均的状况，还存在不同微观群体成本收益不均衡，环境治理成本承担方和环境受益方不统一等问题，需要进一步作出分析，所以单纯的以卡尔多－希克斯标准判断环境公平是不充分的。本书是在宏观层面和中观层面使用卡尔多－希克斯标准分析环境公平基础上，在微观层面上用"戴维斯－诺斯标准"分析环境公平。

基于以上分析，本书认为宏观层面利益主体是以中央政府为代表的利益群体。中央政府作为全体国民的利益代表，是土地沙漠化防治中的主导方，其在土地沙漠化防治中治理目标是尽可能获得生态效益的最大化，即实现生态安全下生态环境可持续发展，所以可以使用生态安全指标度量宏观层面利益主体的利益（或者福利）。由于中央政府是项目建设过程主要投资方，可以把投资总额均匀的分配在每期建设成本中，所以衡量是否公平的标准可以依据卡尔多－希克斯分析的标准，主要采用纵向对比的方法，即若项目区以及项目实施的县域生态安全增加即认为宏观层面利益主体获得福利增加，实现了卡尔多－希克斯改进，意味着项目建设有利于宏观层面利益主体环境公平的实现。可以看出，在宏观层面环境公平的判别主要是通过利益主体在项目建设与运营的不同时期获得福利的对比得到的。所以基于以上分析逻辑，参考第四章式（4－8）代际公平判别模型，建立宏观层面利益主体环境公平指数模型：

$$
\begin{cases}
\psi_{t_1/t_0} = \left(\dfrac{ES_{t_1}}{ES_{t_0}} \right) / \theta(t_1, t_0) \\
\theta(t_1, t_0) = \theta(t_1) / \theta(t_0)
\end{cases}
\tag{6-1}
$$

其中，t_0 代表项目建设当年（基线调查）时间节点，t_1 代表项目运营中期（第二次调查）时间节点。ES_{t_0} 和 ES_{t_1} 分别代表着中央政府土地沙漠化防治中的代理方（县域政府和项目区管理单位）所负责项目区域项目实施前和项目实施后的生态安全系数。$\theta(t_0)$、$\theta(t_1)$ 分别代表不同时期利益主体的环境偏好率，$\theta(t_1, t_0)$ 代表资源环境偏好比率，由于项目实施前和项目实施后两个期段间隔时间相对较短，一般取 $\theta(t_1, t_0) = 1$。

表 6 - 1 展示的是土地沙漠化防治中宏观层面利益群体环境公平划分逻辑与范围，生态系统是一个非线性发展的复杂系统，其演变的规律受到自然和人为双重因素的影响，一般情况下不存在两期生态安全比值为 1 的情况，参考生态安全最低标准的行为准则：除非其社会成本大得无法承受，否则就不采取可能使任何一种环境因子或者自然资源因子降低到最低安全标准以下的行为。具体来讲：把可再生资源的更新数量作为社会使用可再生资源的数量约束条件，即使用的数量小于等于更新的数量；把不可再生资源的替代品开发数量作为不可再生资源的使用数量的约束条件，即使用数量小于等于更新数量；把环境容纳的最高污染物数量作为社会排放污染物数量的约束条件，即排放污染物数量小于等于环境最高容纳数量。所以，本书认为 ES_{t_1} 与 ES_{t_0} 的比值在 1 上下浮动 0.05 范围内即认为满足生态安全最低标准，此时生态演化仅存在正常扰动，在这种情况下定义为初步实现了环境公平，即环境基本公平。依据这一思想，并考虑本项研究的基本情况，采取以下划分标准：$\psi_{t_1/t_0} < 0.95$ 研究区宏观层面利益主体没有获得与支付总成本相匹配的环境福利，环境效率降低，定义为环境不公平；$0.95 \leq \psi_{t_1/t_0} \leq 1.05$ 研究区宏观层面利益主体基本获得与支付总成本相匹配的环境福利，环境效率没有变化，定义为环境基本公平；$1.05 < \psi_{t_1/t_0}$ 依据卡尔多 - 希克斯标准，研究区宏观层面利益主体获得了与支付总成本相匹配的环境福利，环境福利较治理区得到提升，环境效率提升，定义为环境公平。

表 6 - 1　　　　土地沙漠化防治区中宏观层面利益群体环境

公平划分逻辑与范围

环境公平指数	环境公平指数	环境公平指数
$\psi_{t_1/t_0} < 0.95$	$0.95 \leq \psi_{t_1/t_0} \leq 1.05$	$1.05 < \psi_{t_1/t_0}$
生态不安全	基本满足生态安全最低标准	生态安全提高
环境效率降低	环境效率基本不变	环境效率提升
环境不公平	环境基本公平	环境公平

第二节 宏观层面指标体系构建

一 构建原则

(一)科学性原则

指标的选取要建立在科学的分析基础上,土地沙漠化防治宏观层面环境公平建立在生态环境的生态安全评测基础上,生态安全具有一定的客观标准,所以构建科学的指标体系是测评生态安全的关键,且指标体系需具有客观性,能够反映土地沙漠化防治中环境特征的现状和本质特征。

(二)整体性原则

整体性原则就是把选取的指标看成相互关联的有机整体,指标与整体之间以及指标相互之间具有相互制约、相互依赖的关系,每个指标都蕴含整体的性质与特征,同时也应该清楚,整体性不是选取的指标的简单加总,而是选取的指标与整体相互作用中所揭示的系统应具有的性质。

(三)可比性原则

本书中对宏观层面利益主体涉及范围定义为县域和保护区两个类别区域,进行环境公平分析时,对于不同区域之间以及同一区域不同时间段均要进行对比分析,所以指标设计时需要考虑不同区域指标的可比性,即具有统一性,同一区域不同时期的指标可比性,即具有一惯性,统一性和一惯性分别强调的是横向比较和纵向比较。

二 构建指标的内容与标准

项目区和项目涉及县域的生态安全指标体系的设计应该充分考虑沙化土地形成的过程,在这一过程中,存在人为因素和自然因素双重作用的效果,项目区涉及的县域均处于石羊河流域。研究表明研究区域土地沙漠化与绿洲化是一个交替发展的过程,绿洲化与沙漠化相互转化的驱动力中,来自人类活动的贡献率达到 47.645%,来自自然因素的贡献率达到 15.475%，二者综合作用的贡献率达到 20.392%。[①] 其中人为因素表现在生产过程中的生产工具的改进、生产方式的转变、土地利用的变化，表现在社会发展过程中的社会稳定性的变化、社会制度、政策的变革等；自然因素涵盖以下内容：径流、风速、气温、降水等。

沙化土地封禁保护区建设的一个重要的生态屏障功能是防风固沙功能，该生态服务功能的衡量指标主要包括以下指标：NDVI 变化（植物生长）、土地覆被变化（土地覆被类型）、土壤侵袭强度（土壤侵蚀）等因素，参考迟妍妍等（2015）[②]、张学斌等（2014）[③] 研究成果，建立以下指标体系（如表 6 - 2 所示）。

表 6 - 2　　　　　　土地沙漠化防治区域生态安全评价指标体系

参数	因子	标准	赋值
植物生长	NDVI 变化（D）	> 0.02（植被变好）	$D_1 = 1$
		- 0.02 ~ 0.02（植被不变）	$D_2 = 2$
		< - 0.02（植被变差）	$D_3 = 3$
土地覆被类型	土地覆被变化（F）	两者都没有变化或好转	$F_1 = 1$
		土地覆被类型退化一级	$F_2 = 2$
		土地覆被类型退化多于一级	$F_3 = 3$
		未利用地	$F_4 = 4$
土壤侵蚀	土壤侵蚀强度（Q）	轻度侵蚀	$Q_1 = 1$
		中度侵蚀	$Q_2 = 2$
		重度侵蚀	$Q_3 = 3$

三　数据来源与分析框架

目前沙化土地封禁保护区建设第一期和第二期均已经运营过中期，

---

① 文星：《近 2ka 来石羊河流域绿洲化和荒漠化过程》，博士学位论文，中国科学院研究生院，2012 年。

② 迟妍妍、许开鹏、张惠远：《浑善达克沙漠化防治区生态安全评价与对策》，《干旱区研究》2015 年第 5 期。

③ 张学斌、石培基、罗君：《基于景观格局的干旱内陆河流域生态风险分析——以石羊河流域为例》，《自然资源学报》2014 年第 29 卷。

即第一期运营了 4 年，第二期运营了 3 年。为了获得相对可比性的数据，本书以项目区建设第一期起始年（2013 年）往前推 5 年为研究区宏观层面数据获取基年，2013 年为一个时间节点，2016 年为另一个时间节点，2008—2013 年为项目区建设前数据获得时间段，2013—2016 年为项目区建设后数据获得的时间段。

本书的遥感数据是从 USGS 网站的卫星遥感影像（https：//glovis. usgs. gov/）获得的，数据来源于研究区域 2008 年 TM 遥感影像解译和 2013 年、2016 年的 OLI 遥感影像解译。为获得较好的解译效果，本书选择植被盖度较高的时间段遥感影像，集中在三个年份的 7 月 25 日至 8 月 17 日，含云量介于 0 与 7% 之间。通过构建指标体系、分析动态演化趋势，能够研判环境变化趋势、环境福利的增减以及人类对环境的影响。本书中主要参考迟妍妍等（2015）[1]（2010）[2] 对于指标体系的划分标准，把植物生长、植被覆盖类型、土壤侵蚀三类指标建立三个矩阵和一个联合矩阵，据此划分研究区生态安全等级，并进一步为计算土地沙漠化防治中的宏观层面环境公平奠定基础。

$$植物生长矩阵：D = \left[D_1, D_2, D_3 \right]^T \qquad (6-2)$$

$$植被退化矩阵：F = \left[F_1, F_2, F_3, F_4 \right]^T \qquad (6-3)$$

$$土壤侵蚀矩阵：Q = \left[Q_1, Q_2, Q_3 \right]^T \qquad (6-4)$$

$$生态安全模型：ES_t = D_t F_t Q_t \qquad (6-5)$$

式（6-5）是生态安全的评价模型，ES_t 是研究区不同时期的生态安全指数。根据指标体系和划分标准，对生态安全指数建立生态安全等级，共五个等级，如表 6-3 所示，$ES_t = 1$ 定义为安全，即三个指标均为 1，$ES_t = 2$ 定义为较安全，即存在一个指标为 2 的情况，$3 \leqslant ES_t \leqslant 12$ 定义为较不安全，即存在三个指标均处于一般状态或者同时存在极好与极坏的极端情况时，为较不安全，$13 \leqslant ES_t \leqslant 35$ 定义为不安全，即多数指标处于

① 迟妍妍、许开鹏、张惠远：《浑善达克沙漠化防治区生态安全评价与对策》，《干旱区研究》2015 年第 5 期。

② 迟妍妍、许开鹏、张惠远：《浑善达克沙漠化防治区生态安全评价与对策》，《干旱区研究》2010 年第 5 期。

极差的情况，$ES_t = 36$ 定义为极不安全，即所有指标均处于极差的状态。

表6－3　　　　　　　　　　　生态安全评价等级与标准

生态安全等级（赋值）	生态安全水平	评价标准
1	安全	$ES_t = 1$
2	较安全	$ES_t = 2$
3	较不安全	$3 \leqslant ES_t \leqslant 12$
4	不安全	$13 \leqslant ES_t \leqslant 35$
5	极不安全	$ES_t = 36$

（一）植物生长

归一化植被指数 NDVI（Normalized Differnce Vegetation Index）能够较为准确地反映植被的生长状况及覆盖程度等特征，在植被动态研究中广泛应用。本书中植物生长信息的提取采用归一化植被指数 NDVI，其计算式如下：[1]

$$NDVI = (\rho_n - \rho_r)/(\rho_n + \rho_r) \qquad (6-6)$$

式（6－6）中，ρ_n 和 ρ_r 分别代表地表的近红外和红光波段的反射值。处理过程如下：①利用 ENVI 软件对原始影像进行辐射定标；②采用 ENVI 的 FLAASH 校正模块进行大气辐射校正；③投影坐标系统的转换；④遥感影像的拼接和裁剪；⑤生成 NDVI 数据；⑥不同时段 NDVI 的统计分析；⑦转绘成图。

（二）植被退化演替

植被覆盖度反演可以使用像元二分模型估算，在该模型中，一个像元的 NDVI 包括两部分信息 NDVIveg 和 NDVIsoil，其中 NDVIveg 是完全被植被所覆盖的像元的 NDVI 值，NDVIsoil 为裸土或者无植被覆盖部分的 NDVI 值。计算方程式如下：

$$Fc = (NDVI - NDVIsoil)/(NDVIveg - NDVIsoil) \qquad (6-7)$$

---

[1]　李苗苗、吴炳方、颜长珍：《密云水库上游植被覆盖度的遥感估算》，《资源科学》2004年第26卷。

一般情况土地覆被类型分为两级：一级是 IPCC 土地覆被类型，二级基于碳收支的 LCCS 土地覆被类型。本书以一级土地覆被类型为依据，由于研究区域属于温带大陆性干旱气候区，定义景观格局演变过程为：林地（赋值为 1）→草地（赋值为 2）→耕地（赋值为 3）→未利用土地（赋值为 4），不同的覆被类型具有不同的固沙效果，不同的自然景观格局演变过程均会对土地沙漠化变化产生放大效应，所以将转化过程权重赋值为 1.2，突出景观格局变化对土地沙漠化变化的放大效应。

（三）土壤侵蚀

土壤侵蚀强度的现状值表征研究区域的土壤受侵蚀的状况。本书依据 TM 遥感和 OLI 遥感影像解译数据，依据水利部颁布的 SL190—96《土壤侵蚀强度分级标准》（见表 6-4）[1]，并根据实际情况参考迟妍妍等（2015）[2] 划分标准，把土壤侵蚀强度定义三个等级，即轻度侵蚀、中度侵蚀、强度侵蚀。对应的平均侵蚀模数分别是：小于 2500t/（km^2·a），介于 2500—5000t/（km^2·a），大于 5000t/（km^2·a）三个区间。

表 6-4　　　　　　土壤侵蚀强度分级标准表（SL190—96）

级别	平均侵蚀模数 [t/（km^2·a）]			平均流失厚度（mm/a）		
一	西北黄土高原区	东北黑土区/北方土石山区	南方红壤丘陵区/西南土石山区	西北黄土高原区	东北黑土区/北方土石山区	南方红壤丘陵区/西南土石山区
微度	<1000	<200	<500	<0.74	<0.15	<0.37
轻度	1000—2500	200—2500	500—2500	0.74—1.9	0.15—1.9	0.37—1.9
中度	2500—5000			1.9—3.7		
强度	5000—8000			3.7—5.9		
极强度	8000—15000			5.9—11.1		
剧烈	>15000			>11.1		

---

[1]　袁建平：《土壤侵蚀强度分级标准适用性初探》，《水土保持通报》1999 年第 19 卷。
[2]　迟妍妍、许开鹏、张惠远：《浑善达克沙漠化防治区生态安全评价与对策》，《干旱区研究》2015 年第 5 期。

第三节　研究区生态安全分析

一　沙化土地封禁保护区建设前生态安全分析

为了进一步量化不同等级生态安全数据，本书制作了不同等级生态安全所占面积比例表。从表6-5可以看出，沙化土地封禁保护区建设前（2008—2013年），研究区不同县域生态安全等级中安全和较安全面积所占的比例均较低，各个县域在该两个生态安全等级上占比均小于或等于6%，在较不安全等级上永昌县占比（33%）高于其他县域，在不安全等级的占比中，各个县域占比均高于40%，其中最高的为民勤县（53%），

表6-5　研究区2008—2013年各县不同等级生态安全所占面积比例

县（区）	安全（%）	较安全（%）	较不安全（%）	不安全（%）	极不安全（%）	生态安全评价分值
民勤县	2	3	14	53	28	4.01
金川区	3	2	24	41	31	3.95
凉州区	6	5	26	58	5	3.51
古浪县	4	1	26	49	20	3.79
永昌县	6	3	33	41	17	3.60

极不安全等级的占比中，最高的是金川区（31%），其次为民勤县（28%）。民勤县、金川区、凉州区、古浪县、永昌县生态安全的评价分值分别是4.01、3.95、3.51、3.79、3.60，最高的为民勤县，整体上介于生态不安全和生态极不安全之间，其他县域生态安全等级均介于生态较不安全和不安全之间。从表6-6可以看出，各个保护区在建设前大部分处于不安全和极不安全的生态安全等级上，从生态安全的评价分值上看，梭梭井沙化土地封禁保护区（民勤县）、小山子沙化土地封禁保护区（金川区）、夹槽滩沙化土地封禁保护区（凉州区）、麻黄塘沙化土地封禁保护区（古浪县）、清河绿洲北部沙化土地封禁保护区（永昌县）分值分别为3.92、4.67、4.00、4.00、4.35。可以看出，除梭梭井沙化土地封

禁保护区（民勤县）在建设前处于较不安全与不安全之间外，其他的保护区均处于不安全与极不安全之间，生态安全处于极度恶化状态。

表6-6 保护区建设前（2008—2013年）保护区不同等级
生态安全所占面积比例

保护区	所在县域	安全（%）	较安全（%）	较不安全（%）	不安全（%）	极不安全（%）	生态安全评价分值
梭梭井沙化土地封禁保护区	民勤县	0.03	0.05	16.58	74.48	8.86	3.92
小山子沙化土地封禁保护区	金川区	0.00	0.00	2.05	29.10	68.85	4.67
夹槽滩沙化土地封禁保护区	凉州区	0.00	0.00	0.08	99.58	0.34	4.00
麻黄塘沙化土地封禁保护区	古浪县	0.00	0.00	0.04	99.84	0.12	4.00
清河绿洲北部沙化土地封禁保护区	永昌县	0.09	0.02	16.14	32.11	51.64	4.35

二 沙化土地封禁保护区建设后生态安全分析

表6-7、表6-8为沙化土地封禁保护区建设后（2013—2016年）各县和各个沙化土地封禁保护区不同等级生态安全所占面积比例。从表6-7可以看出，沙化土地封禁保护区建设后（2013—2016年）研究区不同县域生态安全等级中安全和较安全面积所占的比例依然较低，各个县域在这两个生态安全等级上占比均小于或等于6%，在较不安全等级上古浪县占比（29%）高于其他县域，在不安全等级的占比中，各个县域占比最高为民勤县（66%），最低为古浪县（36%），在极不安全等级的占比中，最高的是凉州区（28%），最低的为民勤县（4%）。民勤县、金川区、凉州区、古浪县、永昌县生态安全的评价分值分别是3.65、3.86、3.78、3.59、3.79，沙化土地封禁保护区建设之后研究区各个县域生态安全等级均介于生态较不安全和不安全之间。从表6-8可以看出，各个保护区大部分处在较不安全、不安全和极不安全等生态安全等级上，从生态安全的评价分值上看，梭梭井沙化土地封禁保护区（民勤县）、小山子沙化土地封禁保护区（金川区）、夹槽滩沙化土地封禁保护区（凉州区）、麻黄塘沙化土地封禁保护区（古浪县）、清河绿洲北部沙化土地封禁保护

区（永昌县）分值分别为 3.95、3.95、4.47、3.58、3.96。可以看出，除夹槽滩沙化土地封禁保护区（凉州区）在建设后处于较不安全与不安全之间外，其他的保护区均处于不安全与极不安全之间。

表 6－7 研究区 2013—2016 年各县不同等级生态安全所占面积比例

县（区）	安全（%）	较安全（%）	较不安全（%）	不安全（%）	极不安全（%）	生态安全评价分值
民勤县	3	2	25	66	4	3.65
金川区	4	2	17	60	18	3.86
凉州区	5	3	27	37	28	3.78
古浪县	5	3	39	36	17	3.59
永昌县	6	2	26	39	27	3.79

表 6－8 保护区建设后（2013—2016 年）保护区不同等级
生态安全所占面积比例

保护区	所在县域	安全（%）	较安全（%）	较不安全（%）	不安全（%）	极不安全（%）	生态安全评价分值
梭梭井沙化土地封禁保护区	民勤县	0.05	0.01	6.01	92.49	1.44	3.95
小山子沙化土地封禁保护区	金川区	0.00	0.00	5.30	93.98	0.72	3.95
夹槽滩沙化土地封禁保护区	凉州区	0.00	0.00	0.88	51.33	47.79	4.47
麻黄塘沙化土地封禁保护区	古浪县	0.00	0.00	51.46	39.22	9.31	3.58
清河绿洲北部沙化土地封禁保护区	永昌县	0.07	0.04	3.86	95.41	0.62	3.96

对比表 6－5、表 6－6、表 6－7、表 6－8 可以看出，对比沙化土地封禁保护区建设前（2008—2013 年）与建设后（2013—2016 年），从县域范围上讲：民勤县在生态安全等级占比中，安全和较安全占比变化不大，较不安全占比增加了 11%，不安全占比增加了 13%，极不安全占比下降了 24%，生态安全评价分值降低了 0.36，生态安全趋势向好；金川区在生态安全等级占比中，安全和较安全占比合计提高 1%，较不安全占

比降低了 7%，不安全占比增加了 19%，极不安全占比下降了 13%，生态安全评价分值降低了 0.09，生态安全同时有向好和向坏两个方向转变，整体趋势变化不明显；凉州区在生态安全等级占比中，安全和较安全占比合计降低了 3%，较不安全占比增加了 1%，不安全占比降低了 21%，极不安全占比增加了 23%，生态安全评价分值增加了 0.27，生态安全有向坏变化趋势；古浪县在生态安全等级占比中，安全和较安全占比合计降低了 1%，较不安全占比增加了 13%，不安全占比降低了 13%，极不安全占比降低了 3%，生态安全评价分值降低了 0.20，生态安全有向好变化趋势；永昌县在生态安全等级占比中，安全和较安全占比合计降低了 1%，较不安全占比降低了 7%，不安全占比降低了 2%，极不安全占比增加了 10%，生态安全评价分值增加了 0.19，生态安全有一定的变坏趋势。从保护区范围上讲：梭梭井沙化土地封禁保护区（民勤县）在生态安全等级占比中，安全和较安全占比变化不大，较不安全占比降低了 10.57%，不安全占比增加了 18.01%，极不安全占比降低了 7.42%，生态安全评价分值增加了 0.03，生态安全变化趋势不明显；小山子沙化土地封禁保护区（金川区）在生态安全等级占比中，安全和较安全占比没有变化，较不安全占比增加了 3.25%，不安全占比增加了 64.88%，极不安全占比降低了 68.13%，生态安全评价分值降低了 0.72，生态安全变化有向好方向发展趋势；夹槽滩沙化土地封禁保护区（凉州区）在生态安全等级占比中，安全、较安全和较不安全占比变化不大，不安全占比降低了 48.25%，极不安全占比增加了 47.45%，生态安全评价分值增加了 0.47，生态安全变化有向坏方向发展趋势；麻黄塘沙化土地封禁保护区（古浪县）在生态安全等级占比中，安全和较安全占比没有变化，较不安全占比增加了 51.42%，不安全占比降低了 60.62%，极不安全占比增加了 9.19%，生态安全评价分值降低了 0.42，生态安全变化有向好方向发展趋势；清河绿洲北部沙化土地封禁保护区（永昌县）在生态安全等级占比中，安全和较安全占比变化不大，较不安全占比降低了 12.28%，不安全占比增加了 63.30%，极不安全占比降低了 51.02%，生态安全评价分值降低了 0.39，生态安全变化有向好方向发展趋势。

第四节　宏观层面环境公平分析

由于生态安全评价分值越小越好，所以在计算环境公平时是保护区实施后的生态安全分值的倒数除以保护区实施前生态安全分值的倒数，依据式（6-1）宏观层面利益主体环境公平判别指数模型，得到研究区县（区）域及沙化土地封禁保护区宏观层面利益主体环境公平分析（见表6-9）。可以看出总体上讲民勤县县域范围宏观层面利益主体的环境公平指数为1.099252，定性判断为环境公平；梭梭井沙化土地封禁保护区宏观层面利益主体的环境公平指数为0.991964，定性判断为环境基本公平；金川区区域范围宏观层面利益主体的环境公平指数为1.021962，

表6-9　　研究区县（区）域及沙化土地封禁保护区宏观层面
利益主体环境公平分析

县（区）	范围	公平指数	定性判断
民勤县	县（区）域	1.099252	环境公平
	梭梭井沙化土地封禁保护区	0.991964	环境基本公平
金川区	县（区）域	1.021962	环境基本公平
	小山子沙化土地封禁保护区	1.180518	环境公平
凉州区	县（区）域	0.930585	环境不公平
	夹漕滩沙化土地封禁保护区	0.89562	环境不公平
古浪县	县（区）域	1.057349	环境公平
	麻黄塘沙化土地封禁保护区	1.117996	环境公平
永昌县	县（区）域	0.952035	环境基本公平
	清河绿洲北部沙化土地封禁保护区	1.09767	环境公平

定性判断为环境基本公平；小山子沙化土地封禁保护区宏观层面利益主体的环境公平指数为1.180518，定性判断为环境公平；凉州区区域范围宏观层面利益主体的环境公平指数为0.930585，定性判断为环境不公平；夹漕滩沙化土地封禁保护区宏观层面利益主体的环境公平指数为

0.89562，定性判断为环境不公平；古浪县县域范围宏观层面利益主体的环境公平指数为 1.057349，定性判断为环境公平；麻黄塘沙化土地封禁保护区宏观层面利益主体的环境公平指数为 1.117996，定性判断为环境公平；永昌县县域范围宏观层面利益主体的环境公平指数为 0.952035，定性判断为环境基本公平；清河绿洲北部沙化土地封禁保护区宏观层面利益主体的环境公平指数为 1.09767，定性判断为环境公平。

第五节　基本结论与讨论

本章分析了土地沙漠化防治中宏观层面利益主体的环境公平问题，判断的主要指标是生态安全。通过分析可以看出，生态安全与环境公平在宏观层面具有不完全相同的生态含义，生态安全可以判断生态环境整体的状况如何，演变的趋势向好还是向坏，环境公平主要判断环境演变趋势如何，在原有的基础上环境福利是否增加，环境容量是否扩大等问题。

从生态安全上看，对比沙化土地封禁保护区建设前（2008—2013 年）与建设后（2013—2016 年），从县域范围上讲，民勤县生态安全评价分值降低了 0.36，生态安全趋势向好；金川区生态安全评价分值降低了 0.09，生态安全同时有向好和向坏两个方向转变，整体趋势变化不明显；凉州区生态安全评价分值增加了 0.27，生态安全有向坏变化趋势；古浪县生态安全评价分值降低了 0.20，生态安全有向好变化趋势；永昌县生态安全评价分值增加了 0.19，生态安全有一定的变坏趋势。从保护区范围上讲，梭梭井沙化土地封禁保护区（民勤县）生态安全评价分值增加了 0.03，生态安全变化趋势不明显；小山子沙化土地封禁保护区（金川区）生态安全评价分值降低了 0.72，生态安全变化有向好方向发展趋势；夹槽滩沙化土地封禁保护区（凉州区）生态安全评价分值增加了 0.47，生态安全变化有向坏方向发展趋势；麻黄塘沙化土地封禁保护区（古浪县）生态安全评价分值降低了 0.42，生态安全变化有向好方向发展趋势；清河绿洲北部沙化土地封禁保护区（永昌县）生态安全评价分值降低了 0.39，生态安全变化有向好方向发展趋势。

从环境公平上看，县（区）域范围内，民勤县、古浪县宏观层面利益主体环境公平，说明这两个县土地沙漠化防治（沙化土地封禁保护区建设）实施后比实施前环境福利增加，环境容量增大；金川区、永昌县宏观层面利益主体环境基本公平，说明土地沙漠化防治（沙化土地封禁保护区建设）实施前后环境福利变化不明显，环境容量变化不大；凉州区宏观层面利益主体环境不公平，说明土地沙漠化防治（沙化土地封禁保护区建设）实施后比实施前环境福利降低，环境容量减小。从保护区范围看，小山子沙化土地封禁保护区（金川区）、麻黄塘沙化土地封禁保护区（古浪县）、清河绿洲北部沙化土地封禁保护区宏观层面利益主体环境公平，梭梭井沙化土地封禁保护区（民勤县）宏观层面利益主体环境基本公平，夹漕滩沙化土地封禁保护区宏观层面利益主体环境不公平，其生态含义与县（区）域范围环境公平判断分析相同。

由于土地沙漠化防治中，采取的是"中央政府—地方政府—项目管理方—项目承包方"多层级的委托代理关系，宏观层面的利益主体是中央政府，其利益是通过地方政府（县一级政府）代理实施的生态工程项目产生的环境效益实现的，所以，本书中分析土地沙漠化防治宏观层面利益主体的范围是以县域为基本单位，同时分析具体生态工程项目的环境效益。由于在研究区域内同时实施的生态工程项目不止一项，各个生态项目之间在空间上存在交互影响，并共同影响区域内和全局的生态环境演化，所以本书中分析宏观层面的生态安全问题、环境公平问题，是基于定量基础上的定性判断与分析。生态工程之间的交互影响的作用机制和实证分析有待于今后作进一步研究。

第 七 章

中观层面环境公平分析

第六章依据第五章理论框架分析了土地沙漠化防治中宏观层面利益主体的环境公平情况。本章节依据第五章的理论框架，进一步探讨土地沙漠化防治中中观层面利益主体的环境公平问题，涵盖中观层面的界定，中观层面环境公平模型的构建，指标体系的构建等内容。在模型构建和指标体系构建的基础上，分析中观层面利益主体土地沙漠化防治目标（各子系统耦合协调发展）的实现情况，并依据构建的环境公平模型分析环境公平情况。

第一节　中观层面环境公平评价标准与依据

一　中观层面的界定

根据第五章的分析，本书中观层面的利益群体是以地方政府、林业主管部门为代表的地方准生态公共品保护与供给的代理者，在土地沙漠化防治中，地方政府对于沙漠化防治中支付的建设成本涵盖以下方面：与国家拨付土地沙漠化防治资金相配套的资金、群众的投工投劳、前期工作费、管理经费、建成后的抚育费和管护费用、生态工程建设用地丧失的机会成本等。这些费用一般在短期内具有稳定性，即建设总成本不变。依据地方政府的生态保护、建设的利益关注点，既兼顾生态文明建设目标，又关注经济社会的发展，本书把中观层面利益群体在沙漠化防治中的目标追求凝练为项目区经济社会子系统与生态子系统的耦合协调度提高。

二 中观层面环境公平的评估依据

（一）耗散结构理论及其应用范围分析

伊里亚·普里戈金于 1969 年提出了耗散结构理论[①]。该理论认为：非平衡系统能呈现自组织现象，通过不断地与外界交流物质、能量和信息，一个远离非平衡态开放系统某个参量变化达到一定的阈值，系统发生涨落实现有序程度的提升，这里的系统涵盖物理、化学、生态与社会经济等系统。这种通过不断地与外界交换物质、信息与能量维持的宏观有序结构，即为耗散结构。这种交换的物质、能量与信息即为熵变[②]，耗散结构理论可以用熵的变化方程式表示，其表达式如下：

$$ds = dis + des \qquad\qquad (7-1)$$

式（7-1）中：dis 为系统自身产生的熵的变化，des 为系统与外界系统发生的熵的交流，取值范围为：$dis \geq 0$、$des \in (-\infty, +\infty)$。$des > 0$ 为正熵流，表示该熵流会引起系统的无序度增加，$des < 0$ 为负熵流，表示该熵流会引起系统有序度增加，$des = 0$ 为零熵流，表示该熵流不会引起系统有序度增加或者减少。耗散结构理论提出之后，学界不断地扩展其应用范围，Segel & Jackson[③] 运用耗散结构理论分析生态问题，Gemmill & Smith[④] 运用耗散结构理论分析社会组织运转的机制与内在逻辑问题，杨国华等[⑤] 运用该理论探讨了半干旱区系统的结构特征、生态建设与可持续

---

① Prigogine, "Structure, Dissipation and Life", In *Theoretical Physics and Biology*. Ed. M. Marius, Versailles, North Holland Publishing, Amsterdam, 1969, pp. 23-52.

② 熵最初在物理学第二定律中使用，表示为系统热量除以温度所得的商（$\Delta S = \Delta Q/T$），标志热量转换成功的程度，该概念由德国科学家克劳修斯首先提出，用来衡量任何一种能量在空间分布的均匀程度，能量分布越均匀熵就越大。熵的增加就意味着在宏观上能量从可用状态到不可用状态的增加量，在微观状态上系统微观混乱程度的增加。

③ Segel L. A., Jackson J. L., "Dissipative structure: An explanation and an ecological example", *Journal of Theoretical Biology*, Vol. 37, No. 3, 1972, pp. 545-559.

④ Gemmill G., Smith C., "A dissipative structure model of organization transformation", *Human Relations*, Vol. 38, No. 8, 1985, pp. 751-766.

⑤ 杨国华、崔彬：《基于耗散结构理论的半干旱区生态建设研究》，《生态经济》2011 年第 6 期。

发展等问题，陈磊等[①]基于耗散结构理论构建耕地生态系统生态安全的模型并分析了四川省 14 年间耕地生态安全影响因素、级别与趋势，张明国[②]认为以科学发展观为基础的"五大发展"的系统结构，可以运用耗散结构理论进行分析并指导生态文明建设。从国内外学者对耗散结构理论分析与实证研究可以看出，耗散结构理论不仅适用于自然生态领域也适用于社会经济生态领域。

（二）耗散结构理论在沙化土地封禁保护区生态系统的应用

依据耗散结构理论的分析与探讨，本书认为沙化土地封禁保护区生态系统具备耗散结构必需的属性特征。

首先，符合耗散结构的基本条件，作为开放系统，沙化土地的封禁保护区系统禁止的是 $des > 0$ 的经济活动行为，譬如：水资源的破坏、放牧、樵采、刈割、采药、挖沙等活动。$des < 0$ 的经济行为并没有禁止，一定程度上做适当活动促进负熵流的产生，譬如：配备一定的巡护人员进行管护、在封禁区外围撒播植物种子、在封禁区周边种植沙生植物、定期的开放封禁区围栏供野生动物迁徙等，此外，来自非生物环境中的日照、水分、气温、土壤中有机物与无机物等也是沙化土地封禁保护区重要的负熵流，这两种负熵流共同作用，在一定条件下能抵消 $dis \geq 0$（即系统内部产生的熵增），使得 $ds \leq 0$，即在一定程度上系统获得更有序的结构，荒漠化土地恶化趋势得到逆转。

其次，处于远离平衡态的非线性系统，沙化土地封禁保护区生态系统内有着多样性的生物结构层级子系统以及相对脆弱的非生物结构层级子系统。各个结构层级子系统不停地相互影响，呈现有序而不断演化的状态，使得"绿洲"不时出现。

最后，具有非线性演化过程，脆弱的沙化生态系统极易受到外界扰动影响，自我恢复能力不高，采用封禁保护之后，减少了正熵流的产生，增加了负熵流的产生，产生自组织结构演变，通过结构—功能—涨落的

---

① 陈磊、田双清、张宽：《基于耗散结构理论的四川省耕地生态安全测度分析》，《水土保持研究》2017 年第 2 期。

② 张明国：《从线性发展观到系统发展观——"五大发展"观的"耗散论"研究视阈》，《系统科学学报》2017 年第 1 期。

演化,[①] 实现生态系统（包括：植物群落结构、生境[②]）有序发展，如图7－1所示。

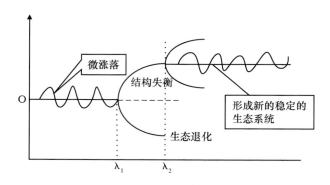

微涨落

结构失衡

O

形成新的稳定的
生态系统

生态退化

λ_1　　λ_2

图7－1　项目区生态系统演化的一般过程[③]

（三）项目区复合型生态系统内在协调机制

实现项目区可持续发展的核心问题是探寻"保护区—经济社会"复合型生态系统的平衡点（阈）[④]，土地沙漠化防治的本质要求是基于生态环境可承受基础上项目区经济社会发展，在保证自然生态环境再生产的前提下扩大经济的再生产，从而实现经济发展与环境保护的"双赢"[⑤]，构建各子系统良性循环的复合型生态系统。沙化土地封禁保护区生态经济系统是由各子系统相互作用而组成的具有一定结构和功能的复合系统，二者之间有物质、能量与信息的交换。沙化土地封禁保护区生态经济系统产生的本质是人类对沙化土地的干预。对沙化土地改良和保护活动是

---

① 申维：《耗散结构、自组织、突变理论与地球科学》，地质出版社2008年版，第1—27页。

② 生境：指生物的个体、种群或群落生活地域的环境，包括必需的生存条件和其他对生物起作用的生态因素，又称栖息地，是具有一定环境特征的生物生活或居住地。

③ 申维：《耗散结构、自组织、突变理论与地球科学》，地质出版社2008年版，第1—27页。

④ 桂东伟、曾凡江、雷加强：《对塔里木盆地南缘绿洲可持续发展的思考与建议》，《中国沙漠》2016年第36卷。

⑤ 胡宝清、严志强、廖赤眉：《区域生态经济学理论、方法与实践》，中国环境科学出版社2005年版，第220—238页。

经济社会系统与生态系统联系的纽带，人类对土地生态系统无休止的需求是生态系统和社会经济系统耦合的内在动力，而沙化土地生态系统对社会经济系统的容纳和融合程度是两者复合成沙化土地生态经济的内在机理。如图 7 - 2 所示。

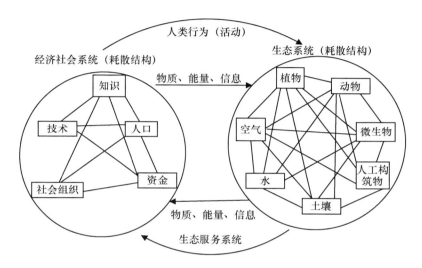

图 7 - 2　项目区复合型生态系统各子系统相互作用机制①

（四）项目区复合型生态系统各子系统耦合类型分析

项目区各子系统在时空上耦合成复合型生态系统，两大系统通过人的行为以及生态系统的服务功能不断地交换物质流、能量流、信息流与价值流实现动态的相互作用，两大系统相互渗透，彼此制约，组成有机统一体。两大系统作为耗散结构系统在各自内部运转过程中产生一定的熵增向外界传递，在一定程度上二者的内部熵增通过熵流交换过程中并不一定导致对方熵的增加。譬如，人类社会产生的废弃物有时候便是生态系统需要的肥料，熵流的这种结构性层次性能够在一定条件下建立生态系统与社会经济系统互为负熵的耦合机制。耦合程度的高低取决于一个系统从简单到复杂的过程是否以另一个系统熵的增加或者是否引起对

---

① 洪明勇：《生态经济的制度逻辑》，中国经济出版社 2013 年版，第 1—5 页。

方的衰退为条件。依据耗散结构理论，得到以下公式：

$$ds_i = dis + des$$
$$ds_t = dis + des$$
$$(7-2)$$

其中：ds_i 与 ds_t 分别代表着经济社会系统与生态系统熵变，社会经济系统存在三种情形，即 $ds_i < 0$，$ds_i > 0$，$ds_i = 0$，分别表示经济社会健康发展、倒退以及停滞不前等状态。相应的生态环境系统也存在三种情形，即 $ds_t < 0$，$ds_t > 0$，$ds_t = 0$，分别表示生态环境系统的有序度增加、衰退与平稳等状态。两个系统的各自三个状态两两结合产生 9 种复合型生态系统状态，这 9 种状态大致可以分为四种演化趋势：衰退区、冲突区、基本协调区和耦合协调区，具体情况如图 7-3 所示。

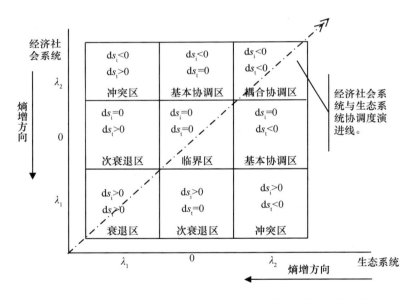

图 7-3 项目区复合型生态系统各子系统耦合演进类别分析

其中，衰退区和次衰退区是指复合型生态系统中两个系统至少一个处于熵增而另一个没有熵减的状态，整个复合型系统处于衰退方向演化阶段，最终的结果是土地沙漠化愈加严重，沙进人退，最终社会经济系统被沙漠化吞噬；冲突区是指复合型生态系统中的一个系统处于熵减状态，另一个处于熵增状态，即可以认为一个系统的有序发展是建立在另一个系统无序的基础上；临界区是指复合型生态系统两个子系统均处于暂时的、脆弱的平稳状态，具有向有序或者无序发展的可能。基本协调区和耦合协调区是指复合型生态系统的两个子系统中的一个趋于有序发展即处于熵减状态，另一个处于熵减或者零熵流状态。整个复合型生态系统向有序发展的方向演化。

（五）耗散结构理论下项目区复合型生态系统各子系统耦合协调度理论模型

设 $x_1, \ldots, x_m$ 和 $y_1, \ldots, y_n$ 是引起复合型生态系统各子系统熵变的指标，引起系统有序演变的（负熵流）为正值，引起系统无序演变的（正熵流）为负值，通过对变量标准化处理得到 X_i、Y_j：

$$X_i = \frac{x_i - \min(x_i)}{\max(x_i) - \min(x_i)} \ (x_i \text{ 属性为正值}) \qquad (7-3)$$

$$X_i = \frac{\max(x_i) - x_i}{\max(x_i) - \min(x_i)} \ (x_i \text{ 属性为负值}) \qquad (7-4)$$

Y_j 依据同理处理。由于复合型生态系统各子系统均为耗散结构，具有非线性演化趋势[①]得到以下方程：

$$\frac{dx(t)}{dt} = f(x_1, x_2, \ldots, x_m); i = 1, 2, \ldots, m (f \text{ 为 } x_i \text{ 的非线性函数})$$

$$(7-5)$$

其中 $f(x_1, x_2, \ldots, x_m)$ 在 $x=0$ 处依据泰勒级数变换为：

$$f(X) = f(0) + a_1 x_1 + a_2 x_2 + \ldots + a_m x_m + E(x_1, x_2, \ldots, x_m)$$

$$(7-6)$$

式中，$f(0) = 0$，a_1 为 $f(X)$ 中 x_1 在 $x=0$ 时的偏导数值，$E(x_1, x_2, \ldots, x_m)$ 为 x 大于一次方的函数。参照 Lyapunov 第一近似理论[②]，耗散结构演变稳定性可以略去高次方程 $E(x_1, x_2, \ldots, x_m)$，得到线性的近似方程：

---

① 李崇明、丁烈云：《小城镇资源环境与社会经济协调发展评价模型及应用研究》，《系统工程理论与实践》2004 年第 11 期。

② Daafouz J., Riedinger P., Iung C., "Stability analysis and control synthesis for switched systems: a switched Lyapunov function approach", *IEEE Transactions on Automatic Control*, Vol. 47, No. 11, 2002, pp. 1883 – 1887.

$$\frac{dx(t)}{dt} = \sum_{i=1}^{m} a_i x_i , \tag{7-7}$$

基于这个思路，建立项目区复合型生态系统各子系统一般函数：

$$E(X_i) = \sum_{i=1}^{m} a_i x_i , \quad i = 1,2,\ldots,m \tag{7-8}$$

$$I(Y_j) = \sum_{j=1}^{n} b_j y_j , \quad j = 1,2,\ldots,n \tag{7-9}$$

式（7-8）、式（7-9）中，a_i，b_j 是各子系统相关元素权重，其值使用熵权法计算[①]。以 x_i 为例，计算 x_i 每个数值比重 p_{ij}：

$$p_{ij} = x_{ij} / \sum_{j=1}^{m} x_{ij} \tag{7-10}$$

e_i 为 x_i 第 i 个因素熵值，计算方法为：

$$e_i = - k \sum_{j=1}^{m} p_{ij} \ln p_{ij} , \quad 其中，K = = \frac{1}{\ln m} , \quad 则 0 \leqslant e_i \leqslant 1 \tag{7-11}$$

g_i 为信息的效用价值，计算方法是 $g_i = 1 - e_i$，其值越大越重要，则权重计算方法如下：

$$a_i = g_i / \sum_{j=1}^{m} g_i \tag{7-12}$$

式（7-12）为 a_i 的值，b_j 的值同理算出。

依据耦合系数模型，定义项目区复合型生态系统各子系统耦合度的计算方法如下：

$$C = \{ 4E(x_i) \cdot I(y_j) / [E(x_i) + I(y_j)]^2 \}^{1/2} \tag{7-13}$$

式（7-13）是系统耦合度的计算公式，$C \in [0,1]$，其值越大耦合度越高。现实生活中，使用耦合度分析系统之间的耦合度有一定的局限性，主要表现为对各个子系统整体发展状况反映力度不够，基于此，定义耦合协调发展系数如下：

$$D(X,Y) = \sqrt{C \cdot T} , \quad 其中 T = \alpha E(X) + \beta I(Y) \tag{7-14}$$

式（7-14）中，T 为项目区子系统发展综合评价指数，α、β 值待定，一般取值为 0.5，D 为耦合系统发展系数。根据研究区现状，参考图 7-3

---

① 颜双波：《基于熵值法的区域经济增长质量评价》，《统计与决策》2017 年第 21 期。

的划分方法，本书把项目区各子系统耦合度划分为五个类型，如表7－1
所示。

表7－1　　　　　　　　　区各子系统耦合度的分类标准

dS ≥ 0			dS ≤ 0	
0 ≤ D ≤ 0.2	0.2 < D ≤ 0.4	0.4 < D ≤ 0.6	0.6 < D ≤ 0.8	0.8 < D ≤ 1
衰退区	次衰退区	冲突与过度调和区	基本协调区	耦合协调区

三　卡尔多－希克斯标准下区域生态系统耦合与环境公平模型的构建

中观层面利益主体是以地方政府和职能部门为代表的地方准生态公
共品保护与供给的代理者。本书认为在保护区建设过程中中观层面利益
主体支付了机会成本、管理成本和人工成本，其主要的利益关注点是项
目区复合型生态系统中生态系统和经济社会系统的耦合协调程度，可以
使用该指标度量中观层面利益主体的利益（或者福利），由于地方政府
在项目建设过程中每期支付的总成本（机会成本、管理成本和人工成
本）短时间内不会有太大变化，所以衡量是否公平的标准可以参考第
六章关于卡尔多－希克斯标准的分析，主要采用纵向对比的方法，辅
助以横向对比，即若项目区各子系统耦合协调度增加即认为中观层面
利益主体的获得福利增加，实现了卡尔多－希克斯改进，可以认为项
目建设有利于中观层面利益主体环境公平的实现。可以看出，在中观
层面环境公平的判别主要是通过利益主体在项目建设与运营的不同时
期获得福利的对比得到的。所以基于以上分析逻辑建立环境公平判别
模型：

$$\begin{cases} K_{t_1/t_0} = \left(\dfrac{D_{t_1}}{D_{t_0}}\right) \Big/ f(t_1, t_0) \\ f(t_1, t_0) = f(t_1)/f(t_0) \end{cases} \quad (7-15)$$

其中，t_0 代表项目建设当年（基线调查）时间节点，t_1 代表项目运
营中期（第二次调查）时间节点。D_{t_0} 和 D_{t_1} 分别代表着项目区复合型

生态系统各子系统之间的基期和中期的耦合协调发展系数。$f(t_1)$、$f(t_0)$ 分别代表不同建设期利益主体的环境偏好率，$f(t_1, t_0)$ 代表资源环境偏好比率，由于两次调查时间间隔两年，相对较短，一般取 $f(t_1, t_0) = 1$。

表 7 - 2 为土地沙漠化防治区中中观层面利益群体环境公平划分逻辑与范围，参考第六章土地沙漠化防治宏观层面利益主体环境公平划分的标准，依据本项研究的基本情况，采取以下划分标准：$K_{t_1/t_0} < 0.95$ 项目区中观层面利益主体没有获得与支付总成本相匹配的环境福利，环境效率降低，即定义为环境不公平；$0.95 \leqslant K_{t_1/t_0} \leqslant 1.05$ 项目区中观层面利益主体基本获得与支付总成本相匹配的环境福利，环境效率基本不变，即定义为环境基本公平；$1.05 < K_{t_1/t_0}$ 依据卡尔多 - 希克斯标准意味着项目区中观层面利益主体获得了与支付总成本相匹配的环境福利，环境福利较治理前得到提升，环境效率提高，即定义为环境公平。

表 7 - 2   **土地沙漠化防治区中中观层面利益群体**
环境公平划分逻辑与范围

环境公平指数	环境公平指数	环境公平指数
$K_{t_1/t_0} < 0.95$	$0.95 \leqslant K_{t_1/t_0} \leqslant 1.05$	$1.05 < K_{t_1/t_0}$
各子系统耦合度降低	各子系统耦合度基本不变	各子系统耦合度提高
环境效率降低	环境效率基本不变	环境效率提升
环境不公平	环境基本公平	环境公平

第二节　中观层面指标体系构建

一　构建原则

沙化土地封禁保护项目区复合型生态系统的耦合度评价是对生态子系统、经济社会子系统或者在复合系统的要素之间在结构、组织和变化上的协调耦合关系的评价，通过评价分析各系统之间的协调程度，是否达到了为彼此系统输入负熵流的理想状态，因此需要选取合理性、科学性指标，因此，指标体系构建需要遵循以下原则。

第一，主导因素原则

所选的参评因子对项目区复合生态系统具有主导性作用，或者对项目区复合型生态系统影响最大的因素，如果没有这种因素就不会呈现现在这种生态结构与分布，该因素可以是优势因素，也可以是限制性因素。

第二，主观因素与客观条件相结合原则

在选取指标过程中，充分考虑到基础数据的主要来源是问卷调查，这些数据的来源有被调查者对客观世界的主观感知与认知，有客观事实的主观表达，同时部分指标数据获取来自卫星图片和相关职能部门提供的二手资料，所以，在指标选取与制定过程中应充分考虑调查问卷数据获得的特点和数据来源多样性特征，在保证指标稳定性的前提下，指标选取采取主观因素与客观条件相结合的原则。

第三，可量化原则

所选的指标应当遵循易获取原则，指标的测量与度量应当具有明确的可度量的值，所衡量的有些指标无法量化的可以依据排序原则进行赋值量化，具体如表 7 - 3 所示。

二 构建指标的内容与标准

项目区是典型的温带大陆性干旱气候区，指标蕴含着整体的部分特征，在构建过程中综合考虑各子系统各个方面，也考虑数据客观性与明确性。所选的指标涵盖项目区两个子系统的指标体系，其中经济社会系统选取了生产条件（含 6 个二级指标）、生活状况（含 7 个二级指标）和社会资本（含 5 个二级指标）3 个一级指标；生态系统选取了资源条件（含 6 个二级指标）、生态状况（含 8 个二级指标）和环保意识（含 4 个二级指标）共 3 个一级指标。具体情况如表 7 - 3 所示。

表 7 - 3　　沙化土地封禁保护区所在社区经济社会与生态系统主要指标

项目	一级指标	二级指标	指标性质
经济社会系统	生产条件	A1：家庭平均水浇地亩数（亩/家）	正
		A2：家庭劳动力人数（人/家）	正
		A3：农村社区文盲率（％）	负
		A4：化肥占生产支出的比例（％）	正
		A5：耕地旱涝保收率（％）	正
		A6：经济作物占农作物面积比重（％）	正
	生活状况	B1：家庭毛收入（元/家）	正
		B2：工资性收入占总收入的比例（％）	正
		B3：个体经营占总收入的比例（％）	正
		B4：恩格尔系数（％）	负
		B5：收入结构变动指数①	正
		B6：经常性接触传媒信息的频度	正
	社会资本	C1：居民的幸福指数②	正
		C2：文化教育娱乐设施普及度（％）	正
		C3：邻里关系融洽度	正
		C4：经济补贴覆盖度（％）	正
		C5：平均受教育年限（年/人）	正

---

① B6：收入结构变动指数表达式为 $VIS = \dfrac{1}{m} \sum\limits_{k=1}^{m} \phi_k (h_k^{(T)} - h_k^{(0)})$，其中 ϕ_k 其值分别是 1，

0、 -1，相应的含义是：1 为对应的产业有利于保护沙漠，0 为与保护沙漠关系不明显，-1 为对应的产业不利于保护沙漠，其中 m 为家庭产业（收入）类别总数，$h_k^{(0)}$、$h_k^{(T)}$ 分别为观测基年和第 T 年第 k 类收入占家庭总收入的比例，二者之差反映了该类收入在结构上的变动，其中基线的 VIS 是项目区数据与非项目区数据的比较，中期的 VIS 是项目区中期的数据与基线数据比较。

② C1：居民的幸福指数表达式为 $HI = \dfrac{1}{n} \sum\limits_{i=1}^{n} c_i q_i$ 其中，HI 为幸福指数，c_i 为相应的影响因子权重，q_i 为第 i 个影响因子，影响因子涵盖个体对自身健康、生活水平、社会人际关系以及生活环境的满意程度的综合评价。经济因子指数对应"您对当前生活水平的满意度"，环境因子对应"您对当前的生活环境的满意度"，人口因子指数对应"家庭成员健康状况"，社会因子指数对应"人际关系和谐程度"，采用赋值法对各指数进行量化。

续表

项目	一级指标	二级指标	指标性质
生态系统	资源条件	D1：资源依赖度（%）①	负
		D2：能源结构系数②	正
		D3：清洁能源普及率（%）	正
		D4：保护区 NDVI 指数③	正
		D5：保护区 NDVI 变化（涵盖治理前与治理后两期）	正
		D6：地下水位下降幅度（%）	负
	生态状况	E1：薪柴需求强度（-）④	负
		E2：人类活动影响指数⑤	负
		E3：管护力量强度（km²/人）	负
		E4：封禁保护区项目满意度（%）	正
		E5：沙漠对水源的侵蚀指数（%）	负

---

① D1：$H = \dfrac{1}{n} \sum\limits_{i=1}^{n} \dfrac{A_i}{C_i}$，其中 C_i 为家庭总收入，A_i 为第 i 个家庭来源于沙漠的收入，包括家庭从沙漠获取的燃料、家庭修建所需木材及取沙取土等折算的货币形式，还包括家庭养殖中由沙漠和天然草场所带来的收入份额。

② D2：能源结构系数表达式为 $ESC = \dfrac{1}{2R_1} \left[(E_f - R_0)^+ + \left(R_1 - \sum\limits_{k=1}^{n} E_k \right)^+ \right]$，其中 E_f 为家庭能源构成中木柴所占的比例，E_k 为除木柴之外其余各类能源总计所占的份额，假设共有 $n+1$ 种能源；R_0 及 R_1 分别为总能源中木柴的理论比例和其他能源之和对应的理论比例，称为标准系数，满足 $R_0 + R_1 = 1$，它们决定着某种理想的、具有最高适宜程度的"能源标准结构"。

③ NDVI 数据来源及处理流程：

（1）从 USGS 网站下载 landsat 卫星遥感影像（https：//glovis. usgs. gov/）；（2）利用 ENVI 软件对原始影像进行辐射定标；（3）采用 ENVI 的 FLAASH 校正模块进行大气辐射校正；（4）投影坐标系统的转换；（5）遥感影像的拼接和裁剪；（6）生成 NDVI 数据；（7）不同时段 NDVI 的统计分析；（8）转绘成图。

④ E1：薪柴需求强度表达式为 $\varTheta = [D \cdot M \cdot N]^{1/3}$ 定义为 D 家庭获取薪柴的距离、M 薪柴年需求量、N 薪柴消耗种类三个变量的几何平均值，等号右端三个因子的单位分别可取为 km、kg、种；当家庭获取薪柴的地点有多个时，距离可用均值估计。

⑤ E2：人类活动影响指数表达式为 $EI = \dfrac{1}{S} \sum\limits_{k=1}^{n} \varepsilon_k S_k$ 从社区家庭及其成员从事各项活动的影响范围和影响强度两方面来度量人类活动对环境的影响力，其中 S 表示可用于生产、生活等活动的区域总面积，一般假设为常数；变量 S_k 表示家庭从事第 k 类活动（假设共有 n 种人类活动）的实际区域的面积，诸 S_k 之和等于 S；系数 ε_k 表示第 k 类活动对该区域的影响强度，称为影响因子。

项目	一级指标	二级指标	指标性质
生态系统	环保意识	E6：灾害天气增强指数（％）	负
		E7：沙化土地造成的土地损失（亩/年）	负
		E8：沙漠对绿洲的侵害强度（％）	负
	环保意识	F1：保护敏感度①	正
		F2：参与防沙固沙频数（次/年）	正
		F3：保护沙漠重要性的认识程度	正
		F4：对封禁保护区的了解程度	正

保护区的 NDVI 及变化图在本章末展示，本表的数据主要来源于各县职能部门调查的数据以及问卷调查的数据。

第三节　中观层面环境公平分析

一　沙化土地封禁保护区区域经济生态系统耦合分析

从表 7 - 4 可以看出，基线调查中五个封禁区复合型生态系统中，总体上讲经济社会系统指数高于生态系统指数，两个子系统综合指数分别为 0.508229、0.256596。对比表 7 - 5 中期调查数据可以看出，研究区五个沙化土地封禁保护区经济社会系统指数获得不同程度提高，而生态系统却出现不同程度波动。其中麻黄塘沙化土地封禁保护区、小山子沙化土地封禁保护区、梭梭井沙化土地封禁保护区三个项目区生态子系统指数提高，夹漕滩沙化土地封禁保护区、清河绿洲北部沙化土地封禁保护区两个项目区生态子系统指数下降，中期的综合指数分别是 0.546489、0.248478，对比基线数据生态系统指数有所降低，但是幅度不大。

从表 7 - 6 可以看出，项目区经济社会和生态系统的耦合协调度的基

---

① $CBI = \dfrac{1}{m} \sum\limits_{k=1}^{m} \dfrac{\theta'_k}{\theta_k}$，指标用于衡量社区成员在项目影响下的意识、态度、行为的转变趋势。假设关注项目影响的 m 个方面，并从这些方面考虑社区个体具有的积极性的转化；用 θ_k 表示项目的第 k 个影响方面涉及的总人数，用 θ'_k 表示具有某种 "合格" 意义的转化的人数。

线数据经分析，依据定性分析判别标准，处于基本协调状态的项目区为麻黄塘沙化土地封禁保护区、小山子沙化土地封禁保护区、清河绿洲北部沙化土地封禁保护区；处于冲突与过度调和状态的项目区为夹漕滩沙化土地封禁保护区和梭梭井沙化土地封禁保护区，研究区综合指数处于基本协调状态。从表7-7可以看出项目区经济社会和生态系统的耦合协调度的中期数据经分析，依据定性分析判别标准，处于基本协调状态的项目区包括麻黄塘沙化土地封禁保护区、小山子沙化土地封禁保护区、梭梭井沙化土地封禁保护区以及研究区总体指标；处于冲突与过度调和状态的项目区包括夹漕滩沙化土地封禁保护区、清河绿洲北部沙化土地封禁保护区。可以看出，清河绿洲北部沙化土地封禁保护区由基本协调状态变化成冲突与过度调和阶段，梭梭井沙化土地封禁保护区由冲突与过度调和状态变化为基本协调状态。研究区综合指数处于基本协调状态。

表7-4　　项目区经济社会和生态系统的综合发展指标（基线）

项目区	麻黄塘沙化土地封禁保护区	夹漕滩沙化土地封禁保护区	小山子沙化土地封禁保护区	清河绿洲北部沙化土地封禁保护区	梭梭井沙化土地封禁保护区	综合
所在县	古浪县	凉州区	金川区	永昌县	民勤县	研究区
经济社会系统指数	0.491763	0.518122	0.521173	0.529914	0.480173	0.508229
保护区生态系统指数	0.279810	0.249808	0.263531	0.259805	0.230024	0.256596

表7-5　　项目区经济社会和生态系统的综合发展指标（中期）

项目区	麻黄塘沙化土地封禁保护区	夹漕滩沙化土地封禁保护区	小山子沙化土地封禁保护区	清河绿洲北部沙化土地封禁保护区	梭梭井沙化土地封禁保护区	综合
所在县	古浪县	凉州区	金川区	永昌县	民勤县	研究区
经济社会系统指数	0.539721	0.531157	0.572085	0.549607	0.539876	0.546489
保护区生态系统指数	0.310947	0.191665	0.268633	0.229184	0.241959	0.248478

根据公式表7-13、表7-14可以算出研究区各个沙化土地封禁保护区子系统的耦合度（耦合协调发展系数），如表7-6、表7-7所示：

表7-6　　　　项目区经济社会和生态系统的耦合协调度（基线）

项目区	麻黄塘沙化土地封禁保护区	夹漕滩沙化土地封禁保护区	小山子沙化土地封禁保护区	清河绿洲北部沙化土地封禁保护区	梭梭井沙化土地封禁保护区	综合
所在县	古浪县	凉州区	金川区	永昌县	民勤县	研究区
C	0.961529	0.936974	0.944563	0.939688	0.935915	0.944327
T	0.385787	0.383965	0.392352	0.394859	0.355099	0.382412
D	0.609053	0.599804	0.60877	0.609134	0.576491	0.600934
定性	基本协调	冲突与过度调和	基本协调	基本协调	冲突与过度调和	基本协调

表7-7　　　　项目区经济社会和生态系统的耦合协调度（中期）

项目区	麻黄塘沙化土地封禁保护区	夹漕滩沙化土地封禁保护区	小山子沙化土地封禁保护区	清河绿洲北部沙化土地封禁保护区	梭梭井沙化土地封禁保护区	综合
所在县	古浪县	凉州区	金川区	永昌县	民勤县	研究区
C	0.963158	0.882839	0.932588	0.911438	0.924555	0.927076
T	0.425334	0.361411	0.420359	0.389396	0.390918	0.397483
D	0.64005	0.564861	0.626116	0.595743	0.601186	0.60704
定性分析	基本协调	冲突与过度调和	基本协调	冲突与过度调和	基本协调	基本协调

二 基于区域经济生态系统耦合下的中观层面环境公平评价

依据环境公平中观层面判别方程（7-15）可以得出表7-8的结果。从该表可以看出，依据基线和中期项目区经济社会和生态系统的耦合协调度结果，环境基本公平的项目区有小山子沙化土地封禁保护区（金川区，环境公平指数1.028494）、清河绿洲北部沙化土地封禁保护区（永昌县，环境公平指数0.978016）、梭梭井沙化土地封禁保护区（民勤县，环境公平指数1.042836）；环境不公平的项目区有夹漕滩沙化土地封禁保护区（凉州区，环境公平指数0.941742）；环境公平的项目区有麻黄塘沙化土地封禁保护区（古浪县，环境公平指数1.050894）。即基于中观层面利益主体的分析，纵向而言，在沙化土地封禁保护区建设项目上，金川区、永昌县、民勤县实现了环境基本公平，凉州区没有实现环境公平，古浪县实现环境公平；从横向对比上看，古浪县、金川区、永昌县、民勤县四个县域政府和林业部门基本实现了或者达到了土地沙漠化防治效果，而凉州区没有达到土地沙漠化防治预期效果，出现了生态系统变坏或者复合型生态系统两个子系统耦合协调度明显降低趋势。从总体上讲，研究区中观层面利益主体实现环境基本公平（环境公平指数1.01016）。

表7-8   **项目区中观层面环境公平判别**

项目区	麻黄塘沙化土地封禁保护区	夹漕滩沙化土地封禁保护区	小山子沙化土地封禁保护区	清河绿洲北部沙化土地封禁保护区	梭梭井沙化土地封禁保护区	综合
所在县	古浪县	凉州区	金川区	永昌县	民勤县	研究区
K_{t_1/t_0}	1.050894	0.941742	1.028494	0.978016	1.042836	1.01016
定性分析	环境公平	环境不公平	环境基本公平	环境基本公平	环境基本公平	环境基本公平

第四节　基本结论

从环境公平角度来看，总体上讲，土地沙漠化防治中观层面利益主体基本实现环境公平（即环境基本公平）。从纵向上比，古浪县、金川区、永昌县、民勤县实现了环境公平或者环境基本公平，凉州区没有实现环境公平；从横向对比上看，古浪县、金川区、永昌县、民勤县四个县域政府和林业部门基本实现了或者达到了土地沙漠化防治效果，而凉州区没有达到土地沙漠化防治预期效果，出现了生态系统变坏或者复合型生态系统子系统耦合协调度明显降低趋势。凉州区没有实现环境公平的原因有待于进一步分析与论证（见图7-4）。

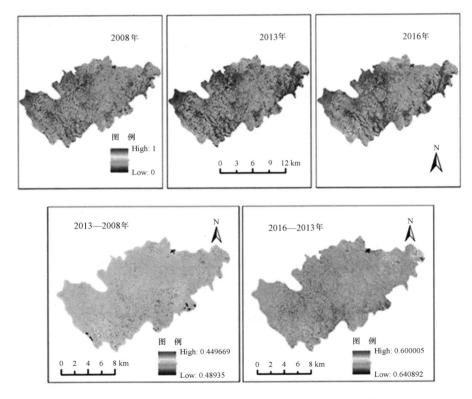

图7-4　民勤县梭梭井沙化土地封禁保护区三期 NDVI 图示及变化

　　沙化土地封禁保护区的建立有利于在复合型生态系统各子系统之间通过物质、信息、能量的传递产生互为负熵的互馈机制。在这种机制作用过程中，保护区的建立扭转了项目区复合型生态系统衰退趋势，维持了各子系统之间的动态平衡，能够实现经济、社会、生态三大效益。同时可以看出，项目区建设位于生态脆弱的沙漠和绿洲过渡带，能够在一定程度上遏制土地沙漠化的恶化趋势，减少沙漠对绿洲的威胁，起到生态屏障作用（见图7-5至图7-8）。

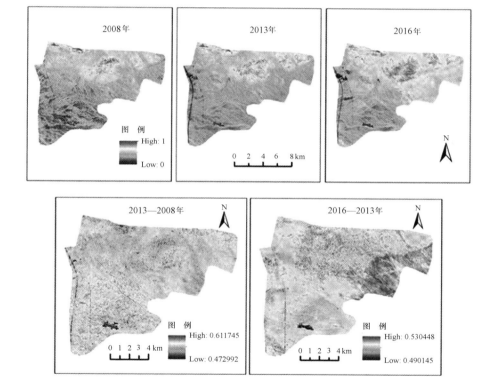

图7-5　永昌县清河绿洲北部沙化土地封禁保护区
三期NDVI图示及变化

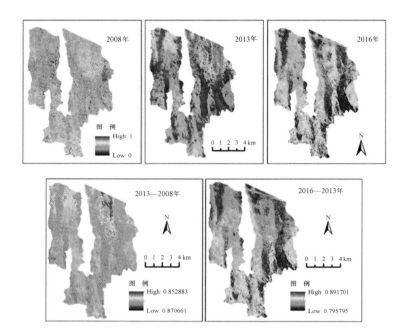

图7-6　古浪县麻黄塘沙化土地封禁保护区三期 NDVI 图示

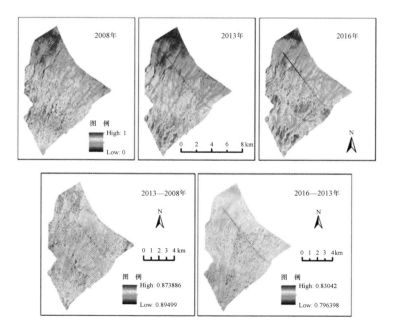

图7-7　金川区小山子沙化土地封禁保护区三期 NDVI 图示及变化

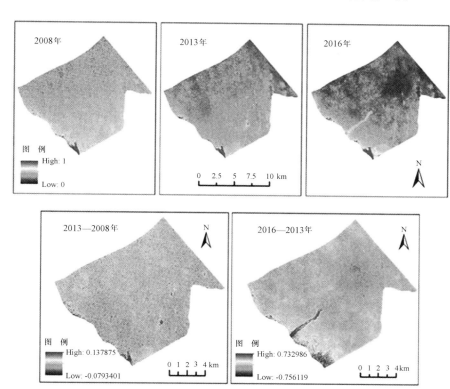

图 7 - 8 凉州区夹槽滩沙化土地封禁保护区三期 NDVI 图示及变化

第八章

微观个体基于环境公平规范的动态博弈分析

第六章和第七章分别探讨了土地沙漠化防治中宏观层面与中观层面利益主体的环境公平问题。本章探讨土地沙漠化防治中环境公平在微观层面的相关问题，由于项目区微观个体是土地沙漠化防治的第一当事人，既是土地沙漠化防治的参与者也是土地沙漠化防治的重要受益者。所以项目区微观个体对项目区的态度直接影响项目区建设的成败。项目区微观个体对项目区的态度取决于其对环境公平的感知，在进行环境公平状况探讨之前，需要分析环境公平规范对微观个体的影响。基于此，本章重点分析环境公平规范下微观个体的动态博弈，以此论证项目区建设的过程中环境公平规范构建的必要性与可行性。

第一节　微观层面利益主体冲突分析

一　土地沙漠化防治微观利益群体及其理性分析

在沙漠化防治中，微观利益主体包括参与防沙治沙的所有微观个体，譬如：防沙治沙的管理者、实施者、参与者、受益者、利益受损者以及利益相关者，涵盖保护区周边的农牧民群体、企业和其他经济社会组织。经济学中的理性是指一个人或者经济组织在作决策选择时，能够根据自己所掌握的信息，作出他本人或该组织认为的最优选择。沙化区的农牧民自身科学文化普遍不高，抵抗风险的能力较弱。

在土地沙漠化防治实践中，以农牧民为主体的微观利益群体，其长远目标与宏观利益群体是一致的，土地沙漠化防治带来的生态环境的改善，资源条件的优化为当地的经济社会可持续发展创造更为优越的条件。[①] 治沙过程中政府实施的配套措施、产业政策与扶贫帮困政策具有长期性，对当地的经济发展带来可持续动力，但是在短期利益上，微观利益群体与宏观利益群体利益具有不一致性，微观群体具有追求经济利益最大化的趋势。农牧民对周边环境的负向影响主要体现在从沙漠中获得经济利益，包括家庭从沙漠中获取的燃料、药材、家庭修建所需木材及采砂取土等折算的货币形式，还包括家庭养殖中由沙漠和天然草场所产生的收入份额。农牧民对沙漠的影响具有结构性的因素，这种结构化的因素取决于以下几个方面：第一，与保护区周边社区整体的生产力水平有关，保护区周边社区处于生态环境特别脆弱的状态，社会经济文化整体的发展水平低下，人们与恶劣的生态环境进行着矛盾性的物质循环；第二，由于较低的社会生产力决定了这种极粗放式的经济发展方式和掠夺式的生态开发，生态恢复难以为继；第三，长期养成和固化的生活方式存在不利于生态恢复的地方，尤其是对柴薪的无约束采伐和对沙化草地无节制放牧。

二　土地沙漠化防治微观利益主体的利益冲突分析

土地沙漠化防治的效益能否发挥，关键在于建设成果的保护与管护，土地沙漠化防治中的土地属于国有或者集体所有，所以其防治中绝大多数成果的林权属于国有或者集体所有，属于公共产权。在沙化土地封禁保护区实施之前，农牧民在沙漠中可以进行无约束樵采、放牧、滥挖野生沙生药材，农牧民在沙漠中获得相当比例的经济利益，在沙化土地封禁保护区实施之后，为保护和保障保护区的实施效果，政府采取了多种措施，譬如围栏、禁牧、日常巡护等措施，禁止保护区周边社区居民进入保护区樵采与放牧等，这就与农牧民生活生产习惯产生较大的冲突。在公共产权制度下，保护区外围社区内每一个成

[①] 刘拓：《中国土地沙漠化防治策略》，中国林业出版社 2006 年版，第 122—125 页。

员都有权平等地分享该产权下产生的福利与权益。由于存在交易成本与监督成本，保护区外围社区内的某一个成员为获得利益通过破坏而产生的损失由社区的全体成员承担费用，因此，共有产权导致了很大的外部性。农牧民对沙漠资源的依赖具有结构性因素，意味着这种依赖与社会整体的生产力水平有密切关系，同时受到所处的生态环境、地理位置因素等共同影响，此外，人们对于柴薪为代表的不清洁能源具有惯性使用趋势，这种惯性使用趋势和生活习惯有很大的关系。因此除监督和惩罚之外，还需多角度、多方面宣传环境保护、封禁保护等政策，充分调动地方一线工作人员在宣传方面的积极性和创造性，以人们喜闻乐见的形式表达出来，对人们的生活习惯进行教育和引导。在农牧民行为选择中，存在一个类似不完全信息的动态博弈，达到均衡时，在不同的监督和社会资本的参与下，会出现不同的情形。

第二节　微观利益主体的动态博弈构建

一　基础博弈模型构建

以沙化土地封禁保护区建设为代表的土地沙漠化防治工程作为一项具有正外部性生态工程，其经济效益、生态效益和社会效益的发挥是十分缓慢的过程，农民短时期很难感受到实际的显著效果，加上乡村自组织的缺乏，农民自身的力量单薄缺少管护保护区的积极性。在这种情况下，政府和社区在保护区管护过程中发挥着不可替代的作用。具体来讲，政府与社区在保护区治理过程中发挥具有不同层次的作用：第一，政府是这一工程顺利实施的主导方，其作用的发挥主要体现在两个方面：一是负责激励机制、运行规则以及相关法规的制定与实施，二是组织第三方对项目的运行过程和运行结果进行监督和管理。第二，社区作为一种介于政府宏观管理与微观个体间的非政府力量在封禁保护区建设过程中发挥积极作用，其作用体现在以下两个方面：一是社区有利于协助政府进行项目的监督管理，二是社区有助于减少信息的不对称，制定具有本土化的解决争议争端的规则，有利于把破坏保护区产生的外部效应内部化。

　　传统经济学认为每个参与经济活动的个人都是理性"经济人"，人们参与经济活动都是为了自身经济利益的最大化。在公共自然资源使用方面，共享的自然资源被过度开发是不可避免的，公共资源的悲剧与主流经济学产权理论一致，产权理论将公有产权视为缺乏排他性权利和有效权利，从而无法获得投资收益的一种制度安排。从这个角度讲，对于仍属于公有产权的自然资源来讲，资源耗竭与低效率利用是不可避免的。① 然而演化经济学的大量实验证明，公平规范在人们经济行为和社会生活中发挥着重要作用，② 基于环境公平基础上的社会资本参与的合作与管理行为能够避免公共资源的低效率与耗竭。为了研究环境公平在土地沙漠化防治中发挥的作用，本书以沙化土地封禁保护区为研究案例。在沙化土地封禁保护区建设与管护过程中，充分依靠了保护区周边社区的力量，在保护区管护中使用了"社区成员承包管护模式"。在调查中，研究人员发现，在保护区管护过程中，各保护区均建立了必要的惩罚措施。

　　假设封禁保护区建设之后，保护区建设涉及的社区（即项目区）参与了保护区的管护工作，即部分家庭承担了保护区某一段的巡护工作，社区内的每个家庭均有两个相互独立的应对之策，即破坏性策略和管护性策略。如图 8-1 所示，假设参与者 A 选择破坏性策略，A 有两个选项，即可以选择合作（HZ）或者破坏（PH）：选择合作（HZ）即意味着不破坏别人巡护的保护区片段，选择破坏（PH）即意味着破坏别人巡护的保护区片段；参与者 B 选择管护性策略，B 有两个选项，即可以选择容忍（RR）与监管（JG）：选择容忍（RR）即意味着不去巡护自己负责的片段，选择监管（JG）即意味着巡护自己负责的片段并对破坏者进行惩罚。其中，参与者 B 可以获得生态补偿 C，其管护的劳动成本为 L。如果参与者 A 与参与者 B 相遇，则二

---

　　① ［加］艾米·R. 波蒂特、［美］马可·A. 詹森、［美］埃莉诺·奥斯特罗姆：《共同合作：集体行为、公共资源与实践中的多元方法》，中国人民大学出版社 2011 年版，第 29—59 页。

　　② Dawes C. T., Fowler J. H., Johnson T., et al., "Egalitarian motives in humans", *Nature*, Vol. 446, No. 7137, 2007, pp. 794-796.

者之间有以下四种策略组合，即：（HZ，RR）、（HZ，JG）、（PH，RR）、（PH，JG），对应的收益分别为：（0，C）、（0，C－L）、（U_a，C－U_b）、（－F，C－U_b），其中 U_a 为参与者 B 选择容忍参与者 A 选择破坏情况下 A 的净收益；U_b 为参与者 B 选择容忍参与者 A 选择破坏情况下 B 的损失；F 为参与者 B 选择监管参与者 A 选择破坏情况下 A 受到的惩罚。

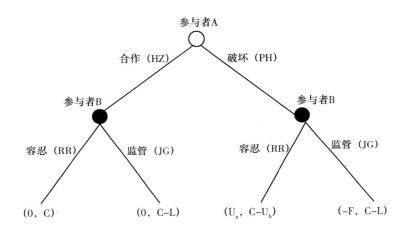

图 8－1　保护区运营中的微观利益群体间博弈的博弈树

二　环境公平规范下利益主体的效用函数

在沙化土地封禁保护区建设中，微观利益主体获得的效用来自以下几个方面：一是保护区的综合效益；二是从保护区获得的直接物质效益；三是保护区建设中的生态补偿（可以作为综合效益的重要组成部分，本节对生态补偿和综合效益区分讨论）等。农牧民对保护区建设的实施效果的判断具有一定的主观色彩，所以，我们要提高人们对封禁保护区建设的社会生态效益的认可，在一定程度上需要提高人们对项目本身的认同。封禁保护区建设生态效益的显现是一个缓慢而又不易显现的过程，所以综合效益的衡量和测度需要一套指标体系进行监测和衡量。本节中，在不考虑综合效益的前提下分析环境公平下的动态博弈，在此情况下，与参与者密切相关的经济利益有以下两种：

一是从保护区获得的直接物质利益（包括：樵采、工矿、采砂、取土、垦荒、放牧、挖草药等经济行为）；二是获得政府转移支付（生态补偿金），事实上根据已有的研究，人们不但关心自身的经济利益，还关心保护区建设中如何公平分担环境维护责任以及公平享有环境利益。[①] 在图 8-1 中假设参与者 A 采取破坏策略，参与者 B 采用容忍的态度，则参与者 A 通过损害参与者 B 的利益是自己获利，在博弈过程中，在环境公平范式作用机制下，参与者 A 会因为违背环境公平而产生"内疚"导致其效用收益降低，参与者 B 会因为违背环境公平产生"不满"导致其效用损失增加，效用函数将直接反映参与者对公平性的关心。[②] Rabin 通过构建心理博弈模型首先把公平性判断引入效用函数[③]，参考宋志远[④]研究成果，可以将效用函数表示为：

$$U_a = e_a - \alpha(e_a + e_b) \qquad (8-1)$$

$$U_b = e_b + \beta(e_a + e_b) \qquad (8-2)$$

式（8-1）和式（8-2）中，e_a 为参与者 A 采用破坏策略从保护区获得的物质利益，e_b 为参与者 B 因采用容忍策略被扣除的生态补偿金，α、β 分别表示参与者 A 和参与者 B 的效用的敏感系数，α、$\beta \geq 0$，当二者均等于 0 时表示环境公平规范作用机制不产生影响。

三　动态博弈模型的构建

在基础博弈模型的基础上，需要对策略性互动主体组成的总体中的行为的演化进行模型构建，假设在保护区建设经营中互动主体充分混合，两两相遇的概率均等，假设总体中的参与者可以无限互动，每个参与者会及时反思自己的策略，基于理性分析，参与者会模拟复制

---

① 宋志远、欧阳志云、李智琦：《公平规范与自然资源保护——在卧龙自然保护区的实验》，《生态学报》2009 年第 29 卷。

② 夏纪军：《公平与集体行动的逻辑》，上海人民出版社 2013 年版，第 5—7 页。

③ Rabin M.，"Incorporating Fairness into Game Theory and Economics"，*American Economic Review*，Vol. 83，No. 5，1993，pp. 1281-1302.

④ 宋志远、欧阳志云、徐卫华：《公平规范与自然资源保护——基于进化博弈的理论模型》，《生态学报》2009 年第 29 卷。

策略优于自己的其他参与者的策略，这种策略的模仿复制在整体上呈现出规律性变动，这种规律基于收益差异性，收益差异越大模仿的概率越大。η_i、μ_j（$i,j = 1,2$）分别为参与者 A 与参与者 B 的各种策略选择的所占的比例，$\sum \eta_i = 1$，$\sum \mu_j = 1$，p_1 和 p_2 分别为参与者 A 与参与者 B 策略选择的适宜系数，则总体上群体参与者的策略选择的动态模仿存在以下关系：

$$\dot{\eta_i} = \theta_1 \eta_i (p_{1i} - \overline{p_1}) \tag{8-3}$$

$$\dot{\mu_j} = \theta_2 \mu_j (p_{2j} - \overline{p_2}) \tag{8-4}$$

θ_1 和 θ_2 分别为策略选择占优指数，$\overline{p_1}$ 和 $\overline{p_2}$ 群体策略选择的平均适宜系数。在式（8-3）和式（8-4）中，可以看出每个参与者的策略选择时在某一个博弈中有自己坚持的纯策略，也有根据反思做的策略调整，这种反思来源于以下信息，参与者 A 的反思参考以下信息：θ_1、η、$(1 - \eta)$、μ 和 U_a/F，根据基础博弈模型参与者 A 的模仿复制合作策略选择适宜度与 $(\mu - \dfrac{F}{(F + U_a)})$ 有关，参与者 B 的反思参考基于以下信息：θ_2、μ、$(1 - \mu)$、η 和 L/U_b，根据基础博弈模型参与者 B 的模仿复制容忍策略选择适宜度与 $\left[\eta - (1 - \dfrac{L}{U_b}) \right]$ 有关，得到以下动态演化方程组（乔根·W. 威布尔）[①]：

$$\dot{\eta} = \theta_1 \eta (1 - \eta) \left[\mu - \dfrac{F}{(F + U_a)} \right] \tag{8-5}$$

$$\dot{\mu} = \theta_2 \mu (1 - \mu) \left[\eta - (1 - \dfrac{L}{U_b}) \right] \tag{8-6}$$

四　异质性对动态博弈模型的改进

群体异质性是导致群体特征与成功集体行为关系不一致的原因之

---

① ［瑞典］乔根·W. 威布尔：《演化博弈论》，王永钦译，上海人民出版社 2015 年版，第 152—209 页。

一。Ruttan 论证了社会文化异质性（如社会阶层、宗教、种族、语言等）[①] 与经济异质性（如家庭收入）[②] 与成功集体行为的关系，社会文化异质性会降低信任度，形成对集体行为的障碍，经济异质性一方面有可能提高集体收益，另一方面也有可能出现抑制现行规则的行为。本书中，基于社会文化异质性以及经济异质性的存在，每个参与人对环境公平的理解与重视程度有一定的差异性，所以式（8-1）、式（8-2）中 α、β、U_a、U_b 在各个参与者中会有一定的变化。假设存在 $\varepsilon = \text{Pr}\ (U_a < 0)$，$\xi = \text{Pr}\ (L > U_b)$，即参与者 A 采用破坏策略而参与者 B 采取容忍策略时其收益为负值时的概率为 ε，在这种情形下基于理性原则，参与者 A 严格占优选择是合作，与此对应的变化的合作者策略概率为 $\eta - \varepsilon$；参与者 B 采用监管策略时付出的劳动成本 L 高于参与者 B 选择容忍参与者 A 选择破坏情况下 B 的损失 U_b 的概率为 ξ，则基于理性原则，参与者 B 严格占优选择为容忍，与此对应的变化的容忍者策略概率为 $\mu - \xi$，则异质性对环境公平规范动态博弈模型的改进如下：

$$\dot{\eta} = \theta_1 (\eta - \varepsilon)(1 - \eta)\left[\mu - \frac{F}{(F + U_a)}\right] \tag{8-7}$$

$$\dot{\mu} = \theta_2 (\mu - \xi)(1 - \mu)\left[\eta - \left(1 - \frac{L}{U_b}\right)\right] \tag{8-8}$$

五 颤抖手均衡对动态博弈模型的改进

颤抖手均衡的基本思想是：在一组策略组合中，任何一个参与者可能违反行为规则而犯"颤抖"偏差时，仍然是每一个参与者最优的策略组合，即为一个均衡。[③] 譬如有限策略均衡 $(\sigma_1, \ldots, \sigma_n)$ 是一个颤抖手均衡，在本书中，对于每一个参与人 i，存在一个严格混合策

① Ruttan Lore M. , "Sociocultural Heterogeneity and the Commons", *Current Anthropology*, Vol. 47, No. 5, 2006, pp. 843 – 853.

② Ruttan Lore M. , "Economic Heterogeneity and the Commons: Effects on Collective Action and Collective Goods Provisioning", *World Development*, Vol. 36, No. 5, 2008, pp. 969 – 985.

③ 张照贵：《经济博弈与应用》，西南财经大学出版社 2016 年版，第 74—96 页。

略序列，记作 $\{\sigma_i^m\}$，其满足以下条件：

（1）对于每一个 i，$\lim\limits_{m\to\infty}\sigma_i^m = \sigma_i$；

（2）对于每一个 i 和 $m = 1, 2, \cdots$，σ_i 是对策略组合 $\sigma_{-i}^m = (\sigma_1^m,$ ..., $\sigma_n^m)$ 的最优反应，即对任何可选择的混合策略 $\sigma'_i \in \sum_i$ 有 ϖ_i（σ_i，σ_{-i}^m）$\geqslant \varpi$（σ'_i，σ_{-i}^m），这意味着一个参与者不会因为其他人的偏差而跟着出现偏差，即"颤抖"在参与人之间独立发生，且不相关。

假设参与者 i 的策略选择存在一个小概率偏差，用 $P(a'|a)$ 表示参与者本应选择策略 a 境况下选择 a' 的概率，在本书中，假设存在以下关系：$P(BP|HZ) = |\delta|$，$P(HZ|BP) = |\gamma|$，$P(JG|RR) = |\lambda|$，$P(RR|JG) = |\tau|$，依据"颤抖手均衡"规则，δ，γ，λ，$\tau \sim N$（0，σ^2），（$\sigma \ll 1$）各个概率之间独立同分布。所以颤抖手均衡对动态博弈模型的改进如下：

$$\dot{\eta} = \theta_1\eta(1-\eta)\left[\mu - \frac{F}{(F + U_a)}\right] - |\delta|\eta + |\gamma|(1-\eta) \quad (8-9)$$

$$\dot{\mu} = \theta_2\mu(1-\mu)\left[\eta - (1 - \frac{L}{U_b})\right] - |\lambda|\mu + |\tau|(1-\mu) \quad (8-10)$$

第三节　微观利益主体的动态博弈演化分析

一　基础动态博弈模型演化分析

一般情况下，在有限个体（如两个人）参与博弈过程中，参与者个体受社会资本影响较小。在理性分析下，博弈者会很快达成最优化策略，其策略组合取决于 e_a 和 e_b 的值。当 $e_a > e_b$ 时，博弈者很容易获得最优策略组合即（PH，RR），这种情形下参与者 A 与参与者 B 相互达成协议使得二者共同利益最大化，或者参与者破坏自己巡护的保护区片段获得利益最大化，即（$e_a + C - e_b$）。当 $e_a < e_b$ 时，博弈者最优策略组合是（HZ，RR），即参与者 A 和参与者 B 达成默契或者协议，互不破坏对方负责巡护的保护区片段，获得最大化利益（C）。

在保护区外围社区参与管护过程中，存在多人博弈情况，在这种情形下，任何一个博弈过程，参与者都要考虑以下几个方面：一是社会资本（或者社会规范）对个人行为的束缚；二是其他参与者的策略选择对本人的影响，因此参与者达成协议的成本会显著增加，在较短时间内无法达成合作协议的情况下，任何两个博弈者的演化轨迹均遵循偶然相遇博弈原则。如图 8-2 所示，在多人参与博弈中，存在四种动态博弈演化轨迹，其中上排左边图是围绕（$1-\dfrac{L}{U_b}$，$\dfrac{F}{(F+U_a)}$）为中心的闭合环，即意味着全部博弈者选择（HZ，RR）策略组合的概率最终收敛于（$1-\dfrac{L}{U_b}$，$\dfrac{F}{(F+U_a)}$）；上排右边图内部平衡点（$1-\dfrac{L}{U_b}$，$\dfrac{F}{(F+U_a)}$）逐渐向（1，1）方向靠近，即意味着选择全部博弈者选择（HZ，RR）策略组合的概率最终收敛于（$1-\dfrac{L}{U_b}$，$\dfrac{F}{(F+U_a)}$），且该点逐渐趋向于（1，1）。下排左边图演化稳定点为（0，1），即意味着全部博弈双方最终选择（PH，RR）策略组合；下排右边图演化稳定点为（1，1），即意味着全部博弈双方最终选择（HZ，RR）策略组合。

　　如图 8-3 所示，上排左边图显示（HZ，RR）策略组合的概率围绕（$1-\dfrac{L}{U_b}$，$\dfrac{F}{(F+U_a)}$）为中心振荡，其实现的条件为 $U_a>0$，$U_b>L$。上排右边图显示（HZ，RR）策略组合的概率围绕（$1-\dfrac{L}{U_b}$，$\dfrac{F}{(F+U_a)}$）为中心振荡，且有趋向于（1，1）演化的趋势，即意味着（HZ，RR）策略组合所占的比例或者所主导的时间在增大，同时说明单纯的提高处罚力度并不能杜绝对保护区的破坏，其实现的条件是 $U_a>0$，$U_b>L$，且 $\dfrac{F}{U_a}$ 与 $\dfrac{U_b}{L}$ 的值增大。下排左边图显示（HZ，RR）策略组合的概率为（0，1），即意味着（PH，RR）策略组合严格占优，其实现条件是 $U_a>0$，$L>U_b$。下排右边图（HZ，RR）策略组合所占的比例为（1，1），即保护区建设实现了理想的管护状态，博弈者会全部选择容忍与合作博弈，保护区不需要管护，其实现条件是 $U_a<0$，即破坏保护区获得的资源净收益为负值。

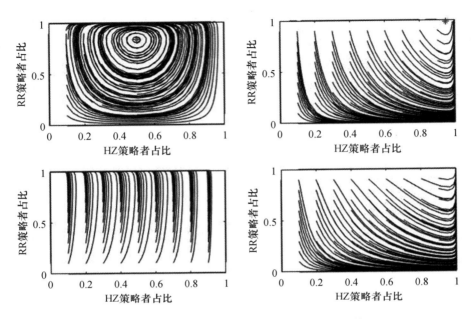

图 8 - 2　基础动态博弈模型博弈者策略演化趋势

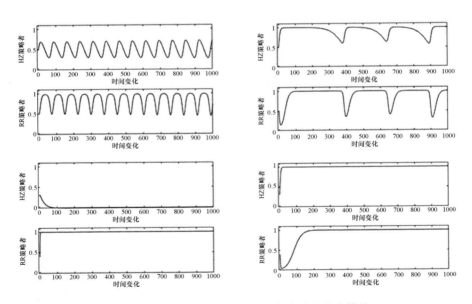

图 8 - 3　基础动态博弈模型博弈者策略演化轨迹

（一个博弈周期为一个时间单位）

二 动态博弈异质性改进模型的演化分析

经计算机模拟，在动态博弈异质性改进模型下，（HZ，RR）策略组合概率的收敛点在（0，1），（1，1）。收敛点的条件与基础动态博弈模型收敛点的条件一样，不再赘述。除此之外，还存在四个收敛点，分别是 $(\varepsilon,\frac{F}{(F+U_a)})$、$(1-\frac{L}{U_b},\xi)$、$(\varepsilon,\xi)$、$(1-\frac{L}{U_b},\frac{F}{(F+U_a)})$，在 $C>e_a$ 情况下，其条件满足：

$$\lim_{t\to\infty}\eta(t)=\max(\varepsilon,1-\frac{L}{U_b}) \qquad (8-11)$$

$$\lim_{t\to\infty}\mu(t)=\max(\xi,\frac{F}{(F+U_a)}) \qquad (8-12)$$

如图 8-4 所示，上排左边图和下排左边图对应的是收敛点为 $(\varepsilon,\frac{F}{(F+U_a)})$、$(1-\frac{L}{U_b},\xi)$、$(\varepsilon,\xi)$ 的情形，上排右边图和下排右边图对应的收敛点为 $(1-\frac{L}{U_b},\frac{F}{(F+U_a)})$ 的情形。

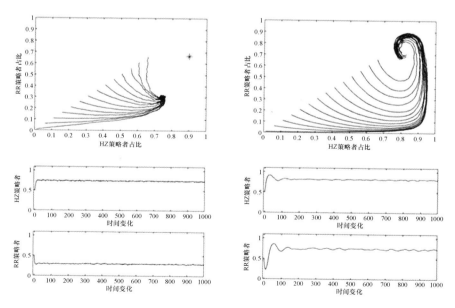

图 8-4 动态博弈异质性改进模型博弈者策略演化趋势与轨迹

三 动态博弈颤抖手均衡改进模型的演化分析

在动态博弈颤抖手均衡改进模型下，（HZ，RR）策略组合概率的收敛点为（$1 - \dfrac{L}{U_b}$，$\dfrac{F}{(F + U_a)}$）邻域、（0，1）、（1，1），如图 8 - 5、图 8 - 6 所示，在（0，1）、（1，1）两点，收敛条件与基础动态博弈模型收敛点的条件一样，不再累述，收敛点为（$1 - \dfrac{L}{U_b}$，$\dfrac{F}{(F + U_a)}$）邻域的演化条件为 $U_a > 0$，$U_b > L$，且颤抖手均衡扰动能够显著改变演化轨迹，呈逐渐缩小趋势，最终稳定在（$1 - \dfrac{L}{U_b}$，$\dfrac{F}{(F + U_a)}$）邻域，且随着 $\dfrac{F}{U_a}$ 与 $\dfrac{U_b}{L}$ 的值增大，缩小速度呈加速趋势。

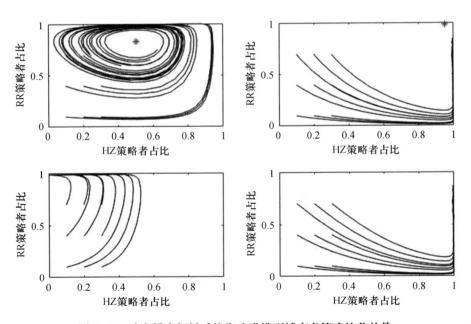

图 8 - 5　动态博弈颤抖手均衡改进模型博弈者策略演化趋势

通过动态博弈基础模型、异质性改进模型以及颤抖手均衡改进模型的模拟与分析可以看出，选择合作（HZ）策略者的占比主要与以下几个参数有关，即 e_a、e_b、F、L、C、α、β，其中，e_b、F 一般情况下为定值，则主要取决于 e_a、L、C、α、β 五个变量。在一定经济发展水平下，e_a、L、C 的值具有黏性特质，则参与者选择合作策略的比值主要取决于 α、β 两个变量，这两个变量的取值大小一定程度上决定了合作者在全体博弈者中的占比。由式（8-1）、式（8-2）可知 α、β 分别表示参与者 A 和参与者 B 的效用的敏感系数。α、$\beta \geqslant 0$，当二者均等于 0 时表示环境公平规范作用机制不产生影响，所以环境公平规范对人们行为规范的约束具有一定的可变性，提高环境公平规范价值体系有利于提升人们在保护区建设与运营中的合作水平。

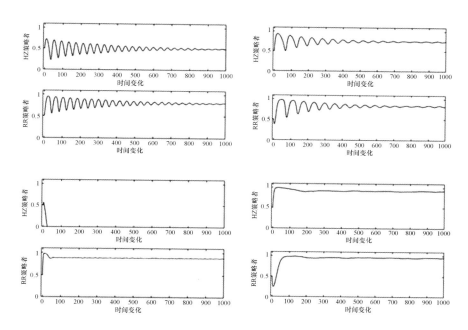

图 8-6 动态博弈颤抖手均衡改进模型博弈者策略演化轨迹
（以一个博弈周期为一个时间单位）

第四节 环境公平规范下的农民响应分析

一 政策干预的现状及受偿意愿分析

在沙化土地封禁保护区建设过程中，政策干预来源于两个方面：一是招募当地社区居民参与保护区基础设施建设，以此支付劳动报酬，增加项目建设的外部效应；二是招募当地社区居民参与保护区的巡护工作，实现公有产权一定程度的内化，对参与管护的居民进行一些生态补偿，同时政府拟实施更广泛的生态补偿，生态补偿实施的范围为保护区建设涉及的乡镇与村落社区。更广泛的生态补偿有以下定义：土地沙漠化防治中生态效益补偿是指为维持、恢复沙漠化系统生态功能，对遭到破坏的沙漠化生态环境进行保护、修复，以及对由于沙漠化生态系统保护而遭受损失或丧失发展机会的单位或个人给予的适当经济补偿。目前更广泛的生态补偿还在论证过程中，目前其他生态项目实施的生态补偿对该项目作了一定程度弥补。对保护区实施更广泛的生态补偿，目的是进一步使公有产权内部化，激励社区居民参与保护区的管护。[①]

研究人员对项目区调研过程中，对社区居民目前生态补偿情况以及保护区建设的生态补偿的受偿意愿进行了调查。通过计算得到，项目区社区居民每年得到的生态补偿范畴内的财政转移支付平均为 536.47 元/户，补偿范围涵盖粮食直补、农资综合补贴、退耕还林补助、森林生态效益林补助、农机购置补贴等。为了分析社区居民生态补偿款的心理预期，本书使用贝叶斯后验分布[②]对受偿意愿进行估值。

如表 8 − 1 所示，项目区居民生态补偿受偿意愿的贝叶斯估计为 2276.831 元/户/年，置信水平 95% 的置信区间为（505.769，3984.888），结合图 8 − 7，该估值呈偏态为 0.000，峰态为 0.067 的尖峰正态分布，如图 8 − 8 所示，当 thin = 1 即步长为 1 时，该估值自相关明显，然后很快收敛至 0 附近，如图 8 − 9 所示，项目区居民受偿意愿估值迭代过程平稳，没有出现异常大的值。以上说明该估值具有稳健性，即项目区居民对保护区建设受偿意愿的期望值为 2276.831 元/户/年，而实际生态补偿均值

---

① 范明明、李文军：《生态补偿理论研究进展及争论——基于生态与社会关系的思考》，《中国人口·资源与环境》2017 年第 27 卷。

② 贝叶斯公式的密度函数形式如下：设 $x = (x_1, x_2, \ldots, x_n)$ 是来自总体的一个样本，该总体的概率密度函数为 $p(x \mid \theta)$，$\theta = (\theta_1, \theta_2, \ldots, \theta_k)$，当给定一组观察值 $x = (x_1, x_2, \ldots, x_n)$，$\theta$ 的条件概率分布为：$\tau(\theta \mid x) = [p(x \mid \theta)\tau(\theta)]/p(x) = [p(x \mid \theta)\tau(\theta)]/\int_{\theta} p(x \mid \theta)\tau(\theta)d\theta$。上式即为贝叶斯公式的密度函数形式，即在样本 $x = (x_1, x_2, \ldots, x_n)$ 下 θ 的后验分布。

为 536.47 元/户/年，两者之间的差距为 1740.361 元/户/年。

表 8-1　　　　　基于贝叶斯估计的参与者生态补偿意愿估计值

	Mean	S. E.	S. D.	C. S.	Skewness	Kurtosis	Min	Max
生态补偿	2276.831	1.194	386.627	1.000	0.000	0.067	505.769	3984.888

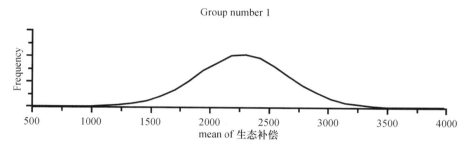

图 8-7　生态补偿意愿估值的核密度图

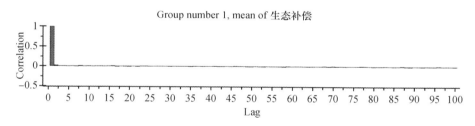

图 8-8　生态补偿意愿估值的自相关图

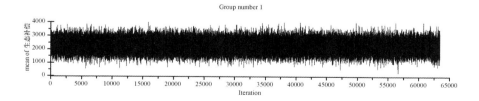

图 8-9　生态补偿意愿估值的踪迹图

二　环境公平规范对沙化土地封禁保护区建设的意义

通过动态博弈结果分析可以看出，单纯依靠政策干预并不会达到有效管护的效果，需要在环境公平规范作用下，提高破坏者的舆论与道德压力，才能抑制破坏促进合作。

调查中研究人员发现项目区社区居民对环境的保护意识与对环境构成威胁的活动采取的行动等方面存在相互矛盾现象。从如何看待经济发展与环境保护关系上，当问及发展经济与保护沙漠哪个重要时，23.72%受访者选择保护沙漠，7.81%受访者选择发展经济重要，65.77%受访者认为二者都重要，可见多数受访者具有很强的环保意识。从植树造林的参与人数及频度上看，37.24%人经常参加、30.93%人偶尔参加、15.92%人从来没有参加，15.92%人认为组织不好没去。从对待别人在保护区进行砍伐或放牧等破坏生态的行为时所作出的行为反应来看，48.05%的人选择不管、34.83%的人选择制止、12.01%选择向有关组织或政府部门反映，5.11%选择自己也从事一些不利于环境保护的活动。这种意识与行为的冲突，可能是农民一方面具备朴素的环保观念，另一方面农民困于自身生存和发展的困难。这反映出：一是保护行动组织的有效性上的缺失；二是对破坏行为的约束机制上的缺失；三是保护区项目实施与项目区居民的保护激励脱钩。

从沙化土地封禁保护区建设中目前的政策干预状况来看，项目区社区居民的生态补偿受偿意愿期望值与实际生态补偿均值之间的差距为1740.361元/户/年。通过动态博弈结果分析可以看出，单纯地依靠政策干预并不会达到有效管护的效果，需要发挥社会资本将政策的正向干预效果扩大。在不完全合约的环境下，社会组织或者社会资本的规范效果是约束投机行为、促进社会良性互动的基本保障，为了减少人们侵扰保护区对生态环境造成压力，建立惩罚措施是必要的。在封禁保护区除尽快出台相关的法律法规加强巡护人员的巡护之外，还需要与当地村民充分合作，建构公平和睦利益互惠的运行机制，调动村民的积极性和创造性，发挥村规民约在封禁保护区管护中的作用。引导和建立村民的自组织，多方面引导人们生活习惯，规范人们的生活行为，在环境公平规范作用下，提高破坏者的舆论与道德压力，才能抑制破坏促进合作。

社会规范在维护社会运行方面具有以下特征：一方面作为社会成员普遍遵守的行为准则是维护社会运行的基础治理工具；另一方面其本身

作为一种公共品，其形成与维持需要社会成员资源遵守与自我约束。环境公平规范是调节参与者群体之间自然经济资源分配的标准，是为特定的生产方式服务的，所以在保护区建设与管护中，若忽略了环境公平的规范作用，外部性的政策干预与惩罚措施可能会削弱社区居民社会资本的影响。社区居民对保护区管护的敏感度在一定程度上受参与者文化程度、生计选择与生活习惯的影响，具有稳定性。封禁保护区建设作为一项具有正面外部性的生态工程，其经济效益、生态效益和社会效益的发挥是十分缓慢的过程，农民短时期很难看到实际的显著效果，加上乡村自组织的缺乏，农民自身的力量单薄却缺少管护保护区的积极性。在这种情况下，政府和社区在保护区管护过程中发挥着不可替代的作用。具体来讲，政府与社区在保护区治理过程中发挥具有不同层次的作用：第一，政府是这一工程顺利实施的主导方，其作用的发挥主要体现在两个方面，一是负责激励机制、运行规则以及相关法律法规的制定与实施，二是组织第三方对项目的运行过程和运行结果监督和管理；第二，社区作为一种介于政府与微观个体间的非政府力量在封禁保护区建设过程中发挥积极作用，其作用体现在以下几个方面，一是社区有利于协助政府进行项目的监督管理，二是社区有助于减少信息的不对称，制定具有本土化的解决争议争端的规则，有利于把破坏保护区产生的外部效应内部化。所以，做好土地沙漠化防治工作的思路应该遵循庇古思路与科斯思路相结合的原则，一方面政府应该是土地沙漠化治理的主导方，在政策制定、生态工程投资、生态补偿等方面进行积极的政府干预；另一方面在保护区建设与经营过程中应该积极发挥保护区周边社区等非政府的力量，构建以社会资本为核心的环境公平规范，通过招募周边村民参与工程建设、巡护（承包管护权）等方式实现公有产权一定程度的内部化。从本项研究可以看出，生态补偿发挥作用的关键不在于生态补偿提高社区居民参与保护区的管护行为，这种补偿也未必提升社区居民对保护区保护的敏感度，在一定程度上可以说生态补偿起到把公共产权转化成名义上的"私有化"作用，在这个作用机制中环境公平规范发挥着提高破坏者的道德压力与社会成本的作用，进而对参与者的行为进行约束。

第五节　小结

本节主要研究在沙化土地封禁保护区建设与运营过程中微观利益主体基于环境公平规范下动态博弈过程。

通过动态博弈模型分析可以看出，环境公平规范在沙化土地封禁保护区建设与管护过程中发挥着抑制机会主义促进合作的重要作用。通过贝叶斯统计分析可以看出，项目区生态补偿等政策干预并没有达到社区居民受偿愿望的期望值，其差距为 1740.361 元/户/年。在这种境况下，单纯的政策实施无法调动居民参与管护的积极性。从经济学意义上讲，环境公平规范是为了在现有的社会经济结构与生产方式下提高生态环境的产出效益与效率。一般来讲，满足环境公平规范的作用机制能够促进自然资源的有效开发，否则无法促进自然资源的有效（可持续性）保护、开发与使用。基于此，要实现经济发展的可持续，需要维护和建设社会资本发挥作用，这要求在保护区运营过程中与当地社区建立村民利益互惠的监督机制，调动村民的积极性和创造性，发挥社会资本（或村规民约）在公地管护中的作用，多方面引导人们生活习惯，规范人们的生活行为。

第 九 章

微观层面环境公平分析

第八章论述了土地沙漠化防治中环境公平规范的重要性与可行性，认为构建环境公平规范能够促进自然资源的有效开发、保护与使用，保护区运营过程中与当地社区建立村民利益互惠的监督机制，有利于调动村民的积极性和创造性，发挥社会资本（或村规民约）在公地管护中的作用，多方面引导人们生活习惯，规范人们的生活行为。本章在第八章论述环境公平规范对微观个体行为具有约束作用的基础上，依据第五章理论分析的框架，构建了土地沙漠化防治中微观层面利益主体环境公平判别模型。在构建指标体系的基础上分析了微观层面利益主体环境公平的状况以及环境公平的影响因素。

第一节 微观层面环境公平评判标准与依据

一 微观层面利益群体保护区建设综合效益分析

根据第五章的分析，土地沙漠化防治中的微观层面利益群体的环境公平分析依据是保护区的微观综合效益。具体到某一保护区系统来说，其综合效益涵盖经济、社会和生态三个方面，三种效益在同一系统中发挥协同作用，彼此依存、影响产生集体效益。[①] 保护区综合效益的评测主要是作为一个社会经济生态系统进行评估的，建立在微观层面的综合效

---

① 韦惠兰、张可荣：《自然保护区综合效益评估理论与方法》，科学出版社 2006 年版，第 162—167 页。

益的评估是以宏观生态分析和中观复合型生态系统耦合协调度分析基础上进行的，三个层面的分析和指标评估之间存在一定的重合与交叉，本书中微观层面的综合效益主要体现在农牧民主观感受到的效益或者利益，采用一定的方法对指标体系进行系统综合，力图兼顾主观和客观两个因素，从量到质上把握沙化土地封禁保护区的综合效益。

从综合效益与"三大效益"的关系上讲，生态效益是保护区综合效益的前提与基础。生态效益作为保护区自身产生的效益，具有外部性特征，生态环境与生态质量的变化，会渐进地反映到经济效益与社会效益上，进而影响保护区的综合效益。经济效益是保护区综合效益增长的动力。对于本书中的项目区农牧民，生存和发展是他们的第一需要，若没有经济效益，会在一定程度上降低项目区农牧民管护保护区的积极性；为了生存和经济收益，会在一定程度上提升他们对保护区破坏的行为，使得保护区整体生态效益降低，进而降低保护区综合效益。社会效益是保护区综合效益的目的与归宿，随着生态文明建设成为地方政府政绩的重要考核标准，自然保护区正是顺应这一价值追求而建立的，因而保护区建设的目的是提升社会效益，使项目区居民生活质量等可持续提高，实现社会经济的可持续发展。[①]

二 保护区建设综合效益基础上环境公平模型构建

本书在第六章和第七章基于"卡尔多－希克斯标准"分析宏观层面和中观层面的环境公平，主要考虑的是从整体上衡量土地沙漠化防治中环境福利增减情况，并建立了环境公平判别模型，测度是否实现"集体效率的目标"。本书认为，从整体上衡量环境福利增减与均衡情况并不能说明微观个体在环境治理中收益是否实现环境公平，即分析每一个行为个体在项目区的综合收益是否实现公平。

（一）基于基尼系数对微观层面利益群体环境公平的分析

基尼系数是用来分析收入分配公平程度的指标，以洛伦兹曲线作为

---

① 韦惠兰、张可荣：《自然保护区综合效益评估理论与方法》，科学出版社 2006 年版，第 162—167 页。

运算的依据，其取值范围为［0，1］，值越小公平程度越高，一般情况下把0.4作为收入分配公平程度的"警戒线"。[①] 随着对基尼系数研究的深入，其应用的范围开始应用到对环境公平的分析上。乔丽霞，王斌等[②]建立了环境基尼系数分析中国区域间环境公平问题，武翠芳，徐中民[③]采用Gini系数和Theil指数分析环境影响的公平性问题，Arne Jacobson等[④]使用洛伦兹曲线和基尼系数分析了不同国家的能源分布情况，Druckman A等[⑤]使用基尼系数分析了不同区域资源消费的不平等状况，刘欢、左其亭[⑥]使用洛伦兹曲线和基尼系数分析了郑州市的用水结构空间分布。基尼系数具有一定指标含义，能向读者展示某一项指标在该区域的分配状况。作为分析手段，基尼系数在刻画公平程度上具有抽象性与概括性，它抽掉了经济行为主体之间利益分配具体差异，从整体上概括差异程度，使不同的行为主体具有可比性。陈丁江、吕军、沈晔娜[⑦]以长乐江流域为例使用水环境基尼系数分析了水环境容量在区域间的分配。

　　参考胡祖光[⑧]，喻登科、陈华、郎益夫[⑨]关于基尼系数理论分析与计算方法的阐述，本书采用以下计算公式：

---

①　乔丽霞、王斌、张琪：《基于基尼系数对中国区域环境公平的研究》，《统计与决策》2016年第8期。

②　武翠芳、徐中民：《黑河流域生态足迹空间差异分析》，《干旱区地理》（中文版）2008年第31卷。

③　Arne Jacobson, Anita D. Milman, Daniel M. Kammen, "Letting the（energy）Gini out of the bottle: Lorenz curves of cumulative electricity consumption and Gini coefficients as metrics of energy distribution and equity", *Energy Policy*, Vol. 33, No. 14, 2005, pp. 1825 – 1832.

④　Druckman A., Jackson T., "Measuring resource inequalities: The concepts and methodology for an area-based Gini coefficient", *Ecological Economics*, Vol. 65, No. 2, 2008, pp. 242 – 252.

⑤　刘欢、左其亭：《基于洛伦茨曲线和基尼系数的郑州市用水结构分析》，《资源科学》2014年第36卷。

⑥　陈丁江、吕军、沈晔娜：《区域间水环境容量多目标公平分配的水环境基尼系数法》，《环境污染与防治》2010年第32卷。

⑦　胡祖光：《基尼系数理论最佳值及其简易计算公式研究》，《经济研究》2004年第9期。

⑧　喻登科、陈华、郎益夫：《基尼系数和熵在公平指数测量中的比较》，《统计与决策》2012年第3期。

⑨　R Koenker, KF Hallock, "Quantile Regression: An Introduction", Journal of Economic Perspectives, Vol. 101, No. 475, 2000, pp. 445 – 446.

$$G = 1 + \sum_{i=1}^{n} Cb_i P_i - 2 \sum_{i=1}^{n} Cb_i Q_i \qquad (9-1)$$

式 (9-1) 中，Cb_i 表示第 i 组总效益指数占全部效益指数的比例，P_i 表示第 i 组评价对象占全部对象的比重，$Q_i = \sum_{j=1}^{i} P_j$ 表示累计第 i 组对象数占全部对象数的比重。本书用基尼系数测度保护区综合效益在不同微观个体之间的匹配状况。基于不同微观个体获益能力可能存在不同，同时，不同的微观个体对于获得的保护区收益的感知多少或者好坏都会有所不同，所以需要测度一下不同个体获得综合效益的量的差别，是否存在不平等性。其定性判断标准如下：$G \in [0, 0.2)$ 为公平，$G \in [0.2, 0.3)$ 为比较公平，$G \in [0.3, 0.4)$ 为一般（相对合理），$G \in [0.4, 0.5)$ 为较不公平，$G \in (0.5, 1]$ 为不公平。

（二）分位数模型在分析环境公平指数的影响因素上的应用

自然资源保护区建设属于公共产品，其外部性供给在政策允许范围内对于每一个项目区的微观个体并不区别对待，按照一般情况，即使实现环境公平，每个个体获得的综合效益依然存在差别，在判断总体环境公平情况之后，需要分析不同个体获得综合效益差别的原因。这种差别与每个个体特征有关系。本项研究中，采用分位数回归的评估方法对样本进行分析。之所以使用分位数回归模型[1][2]分析环境公平指数的影响因素，一个很重要的原因是分位数回归刻画了解释变量 x 对整个条件分布 $Y|X$ 的影响，一定程度上克服了其他回归模型仅仅刻画条件分布 $Y|X$ 的集中趋势的问题。所以分位数回归更有利于在不同条件状况的个体间进行环境公平分析。

假设 $y_q(x)$ 为条件分布函数，该函数是解释变量 x 的函数，其方程式可以表示如下：

---

① R Koenker, KF Hallock, "Quantile Regression: An Introduction", Journal of Economic Perspectives, Vol. 101, No. 475, 2000, pp. 445 – 446.

② 陈强：《高级计量经济学及 Stata 应用》（第二版），高等教育出版社 2014 年版，第 509—517 页。

$$y_q(x_j) = x'_j\beta_q + u$$
$$u = x'_j\alpha \cdot \varepsilon \qquad\qquad (9-2)$$
$$\varepsilon \sim \text{iid}(0,\sigma^2)$$

其中，u 为扰动项，当 $x'_j\alpha \neq 0$ 时，若 $x'_j\alpha$ 为常数，则扰动项 u 为同方差，若 $x'_j\alpha$ 为非常数，则扰动项 u 为乘积形式的异方差，β_q 为样本分位数估计系数，其值可以用最小化绝对离差估计值定义，计算式为：

$$\hat{\beta}_q = \min_{\beta_q} \sum_{i:y_i \geq x'_i\beta_q}^{n} q y_i - x'_i\beta_q + \sum_{i:y_i < x'_i\beta_q}^{n} (1-q) y_i - x'_i\beta_q \qquad (9-3)$$

模型估计量 $\hat{\beta}_q$ 为样本分位数回归系数，服从渐进正态分布，是总体分位数估计量 β_q 的一致估计量，即：

$$\sqrt{n}(\hat{\beta}_q - \beta_q) \xrightarrow{d} N(0,\text{Avar}(\hat{\beta}_q)) \qquad (9-4)$$

相对而言，分位数回归比最小二乘法（OLS）估计表现更稳健。据此，本书把微观个体获得综合效益为因变量，将微观个体的特征作为自变量，建立以下分位数回归模型：

$$\text{H}_\tau[y|x] = \alpha_\tau + x'\beta_\tau \qquad (9-5)$$

其中，y 表示保护区综合效益指数，x 表示自变量，它包括：受访者性别、年龄、婚否、受教育程度、职业、家庭劳动力人口、健康状况等，β_τ 为各个变量进行参数估计的第 τ 个分位数的系数。

第二节　微观层面综合绩效的指标体系的构建

一　构建原则

本节研究是以微观层面利益群体在保护区建设和运营中获得综合效益作为衡量和测度环境公平的主要指标依据，所以在指标体系构建过程中主要分析的是微观层面综合效益的构建原则。

（一）科学性原则

指标体系建立在科学基础上，指标体系能够充分反映保护区建立对微观利益群体的影响，以及影响的内在机理，指标的意义明确，计算的方法规范，能够充分反映"以人为本""协调""可持续"等目标内涵，使计算结果具有科学性，结果反映出的现状具有客观真实性。

（二）综合性原则

对微观个体获得的综合效益评估是一个综合性很强的评估，牵涉到对微观个体的影响的客观方面和主观认知、感知方面，所以单一指标很难从本质上反映保护区对微观个体影响的各个方面。

（三）适度性原则

保护区综合效益的表现形式存在宏观与微观两个方面，宏观上的影响涉及对于生态安全、社会经济可持续发展等多方面的影响。本书的前面章节就这些宏观层面的影响做了相关研究分析。微观层面的综合效益分析和衡量，在注重客观指标的同时更注重主观感知和认知指标的采用。因为综合效益作为微观个体获得环境效益（福利）具有很强的主观评测标准，不同的个体因为环境的价值取向不同会对同一环境生态状况作出不同的评价，会对同一生态资源作出不同的生态行为，获得不同的收获。所以在评测微观层面利益主体的综合效益时应该遵循适度性原则，同时兼顾客观性和主观性的指标体系。

（四）灵活性原则

综合效益的评估涉及面广，非常复杂。目前学界尚没有成熟完善的理论与方法。因此，对于具体的项目进行评估时，应该结合当地的具体情况根据已有的或者方便获取的数据作为指标。

二　指标体系内容与评价权重的确定

（一）指标体系内容

自然资源保护区建设实施的时段、区域、面积和政策驱动等因素会影响对保护区综合效益的评价，制定统一的宏观综合效益评估指标体系难度较大，但是从农户的角度却能制定共同的指标评价体系。本书在保护区经济效益、社会效益、生态效益三个方面选取评价因子，具体分解为：农民经济发展状况（A1）、农民社会资本（A2）、农民生态行为与态度（A3）、生态现状感知（A4）、沙漠化防治效果感知（A5）。建立二级评价指标体系，第二级评价指标体系主要依据本书针对的沙化土地封禁保护区建设具体情况而构建，参考刘拓[1]、樊胜岳等[2][3][4]的研究成果，具体制定评价指标，具体情况如表 9 − 1 所示。

表 9 − 1　　土地沙漠化防治中微观层面利益群体综合效益评价指标体系

一级指标	二级指标	说明	指标性质
A1：农民经济发展状况	B1：水浇地自家耕种面积占比		正
	B2：土地经营收入在家庭总收入中的占比		正
	B3：畜牧业经营收入在家庭总收入中的占比		正
	B4：保护区建设过程中获得的工资性收入		正
	B5：政府转移支付在家庭总收入中的占比		正
	B6：您得到的生态补偿金是多少元		正
A2：农民社会资本	B7：邻里关系怎么样	5 = 非常融洽；4 = 融洽；3 = 一般；2 = 不太融洽；1 = 非常不融洽	正
	B8：您家附近是否有公共文化设施	1 = 是；0 = 否	正
	B9：您对当前的生活环境感到满意吗	5 = 非常满意；4 = 满意；3 = 一般；2 = 太满意；1 = 不满意；0 = 不知道；0 = 不想说	正

① 刘拓：《中国土地沙漠化及其防治策略研究》，博士学位论文，北京林业大学，2005 年。

② 樊胜岳、马丽梅、殷志刚：《基于农户的生态治理政策绩效评价研究》，《干旱区地理》（中文版）2008 年第 31 卷。

③ 樊胜岳、韦环伟、碌婧：《沙漠化地区基于农户的退耕还林政策绩效评价研究》，《干旱区资源与环境》2009 年第 23 卷。

④ 樊胜岳、张卉、乌日嘎：《中国荒漠化治理的制度分析与绩效评价》，高等教育出版社2011 年版，第 75—108 页。

续表

一级指标	二级指标	说明	指标性质
A2： 农民社 会资本	B10：您对当前的生产环境感到满意吗	5 = 非常满意；4 = 满意；3 = 一般；2 = 太满意；1 = 不满意；0 = 不知道；0 = 不想说	正
	B11：您对当前的家庭收入感到满意吗	5 = 非常满意；4 = 满意；3 = 一般；2 = 太满意；1 = 不满意；0 = 不知道；0 = 不想说	正
	B12：您觉得幸福吗	5 = 非常幸福；4 = 比较幸福；3 = 一般；2 = 不太幸福；1 = 很不幸福；0 = 不知道；0 = 不想说	正
A3： 农民生 态行为 与态度	B13：遇到不利于生态保护的行为时，您会怎么做	3 = 向有关政府组织或部门反映；2 = 制止；1 = 不管	正
	B14：家庭清洁能源消耗量占比		正
	B15：您认为发展经济与保护沙漠植被哪个比较重要	1 = 发展经济（如放牧、采草药、垦荒等）；2 = 保护沙漠植被；3 = 两者同样重要	正
	B16：您是否支持国家或有关组织在您所居住地区实施的沙漠治理与生态保护政策（工程）	1 = 是；0 = 否	正
	B17：您对您所在区域实施的各项沙漠化治理政策满意吗	3 = 满意；2 = 不满意；1 = 说不清楚	正
	B18：您参加过防沙治沙义务集体劳动吗	3 = 经常参加；2 = 偶尔参加；1 = 组织不好，没去；0 = 从来没有	正
A4： 生态现 状感知	B19：近 5 年来，您家附近的绿洲面积变化情况	5 = 往外增加许多；4 = 往外增加一些；3 = 没变化；2 = 减少一些；1 = 减少许多；0 = 不知道	正
	B20：今年和去年相比，当地沙尘暴发生的次数	5 = 减少许多；4 = 减少一些；3 = 没变化；2 = 增加一些；1 = 增加许多；0 = 不知道	正

续表

一级指标	二级指标	说明	指标性质
A4： 生态现 状感知	B21：近5年来，您村子周围的沙丘侵蚀绿洲的速度如何	5＝加快许多；4＝加快一些；3＝没变化；2＝变慢一些；1＝变慢许多；0＝不知道	负
	B22：近5年，您所知道的沙漠植被的变化情况	5＝增加许多；4＝增加一些；3＝没变化；2＝减少一些；1＝减少许多；0＝不知道	正
	B23：您认为您生活的地区将来会变成什么样子	3＝生态环境会得到恢复；2＝不好说，要看治理的具体措施；1＝绿洲消亡；0＝没想过	正
A5： 沙漠化 防治效 果感知	B24：您认为您所知道的生态治理工程取得了或者能够取得预期的生态治理效果吗？	4＝取得了良好的治理效果；3＝有治理效果但未达到预期；2＝没有任何治理效果；1＝不清楚	正
	B25：当地通过工程治理之后，沙漠化问题怎么样	4＝大有好转；3＝一般；2＝没有好转；1＝更加严重	正
	B26：通过工程治理之后，沙尘暴发生频率有什么变化	1＝减少许多；2＝减少一些；3＝没变化；4＝增加一些；5＝增加许多	负
	B27：通过工程治理之后，植被覆盖度有什么变化	1＝减少许多；2＝减少一些；3＝没变化；4＝增加一些；5＝增加许多	正
	B28：通过工程治理之后，您家的收入渠道有什么变化	5＝增加许多；4＝增加一些；3＝没变化；2＝减少一些；1＝减少许多	正
	B29：通过工程治理之后，您的身体健康有什么变化	5＝变好许多；4＝变好一些；3＝没变化；2＝变坏一些；1＝变坏许多	正
	B30：通过工程治理之后，您家的土地可利用面积有什么变化	5＝增加许多；4＝增加一些；3＝没变化；2＝减少一些；1＝减少许多	正

（二）评价指标权重确定的方法

根据已有的成果①②采用层级分析法确定指标体系各因素权重，层次分析法又叫决策分析法（Analytic Hierarchy Process，AHP），其计算的步骤一般分为：判别矩阵的构建、一级指标体系排序并进行一致性检验、二级指标体系排序并进行一致性检验。

首先，在建立递阶层次结构后（见表9-1所示），邀请15位专家，按照标度说明表9-2，对表9-1一级指标填写判别矩阵表，AHP方法中使用两两比较法，AHP使用的是1—9的比较标度表9-2，第一位专家给出的权重判断矩阵为A（其他层次判别矩阵省略）。

表9-2   **AHP法标度说明表**

标度值	说明	标度值	说明
1	两个指标元素重要程度相同	7	指标元素一个比另个一强烈重要
3	指标元素一个比另个一稍重要	9	指标元素一个比另个一极端重要
5	指标元素一个比另个一明显重要	2, 4, 6, 8	重要程度介于上述相邻判断中间
倒数	若两个元素 i 与 j 重要度之比为 a_{ij}，那么 j 与 i 之比为 $1/a_{ij}$		

$$A_1 = \begin{bmatrix} 1 & 1/2 & 2 & 3 & 1/5 \\ 2 & 1 & 3 & 2 & 1/2 \\ 1/2 & 1/3 & 1 & 4 & 1/3 \\ 1/3 & 1/2 & 1/4 & 1 & 1/7 \\ 5 & 2 & 3 & 7 & 1 \end{bmatrix}$$

其次，计算评价指标的权重和一致性检验。本书以矩阵 A 为例，需要先求出正互反矩阵的最大特征值 λ_{max}，其计算步骤如下：

$$行元素几何平均数：\omega_i^* = \sqrt[n]{\prod_{j=1}^{n} a_{ij}}, \quad i = 1, 2, \ldots, n \qquad (9-6)$$

---

① 樊胜岳、韦环伟、碌婧：《沙漠化地区基于农户的退耕还林政策绩效评价研究》，《干旱区资源与环境》2009年第23卷。

② 樊胜岳、张卉、乌日嘎：《中国荒漠化治理的制度分析与绩效评价》，高等教育出版社2011年版，第75—108页。

$$\text{权重:}\ \omega_i = \omega_i^* \Big/ \sum_{i=1}^{n} \omega_i^* \ ,\ i = 1, 2, \ldots, n \tag{9-7}$$

$$\text{列元素求和:}\ S_j = \sum_{i=1}^{n} a_{ij} \ ,\ i = 1, 2, \ldots, n \tag{9-8}$$

$$\lambda_{\max} = \sum_{i=1}^{n} \omega_i S_i \tag{9-9}$$

一般情况利用随机一致性比率 CR（consistency ratio）作为判别矩阵是否具有满意的一致性的检验指标。其中 RI 由 Saaty[①] 给出，如表 9-3 所示。当 $CR < 0.10$，认为判别矩阵满足一致性检验，否则需要调整相关指标元素。

$$CI = (\lambda_{\max} - n)/(n-1) \tag{9-10}$$

$$CR = CI/RI \tag{9-11}$$

表 9-3　　　　　　　　　　Saaty 的判别矩阵 RI 值表

n	1	2	3	4	5	6	7	8	9
RI	0	0	0.58	0.94	1.12	1.24	1.32	1.41	1.45

使用上述方法，得到矩阵 A 的 $\lambda_{\max} = 5.2729$，查表 9-3 可知 $RI = 1.12$，代入式（9-11），得到 $CR = 0.0609 < 0.10$，可以通过检验，此时的权重为：

$$(0.1423, 0.2255, 0.1166, 0.0565, 0.4591)^{\text{T}}$$

然后使用该方法依次计算出其他专家的判别矩阵值，计算完成之后，通过算数平均数[②][③]求出同一层次的指标体系各元素的权重，第一层次指标体系各元素最终值为：

$$(0.1390, 0.2266, 0.1256, 0.0621, 0.4467)^{\text{T}}$$

---

① 邓雪、李家铭、曾浩健：《层次分析法权重计算方法分析及其应用研究》，《数学的实践与认识》2012 年第 42 卷。

② 韦惠兰、张克荣：《自然保护区综合效益评估理论与方法》，科学出版社 2006 年版，第 67—215 页。

③ 樊胜岳、张卉、乌日嘎：《中国荒漠化治理的制度分析与绩效评价》，高等教育出版社 2011 年版，第 75—108 页。

层次总排序的权重值也是使用该方法计算的，即对第二层级元素判别矩阵采用与第一层级判别矩阵相同的方法，本书以"A_1农民经济发展状况"下的第二层级元素为例，其权重的判断矩阵为B_1。

$$B_1 = \begin{bmatrix} 1 & 1/2 & 3 & 1/5 & 1/2 & 3 \\ 2 & 1 & 1/2 & 1/3 & 2 & 1/4 \\ 1/3 & 2 & 1 & 1/4 & 1/3 & 1/2 \\ 5 & 3 & 4 & 1 & 1/2 & 1/3 \\ 2 & 1/2 & 3 & 2 & 1 & 1 \\ 1/3 & 4 & 2 & 3 & 1 & 1 \end{bmatrix}$$

使用矩阵A_1的计算方法，得到矩阵$B1$的$\lambda_{max}=5.97445$，查表9-3可知$RI=1.24$，代入式（9-13），得到$CR=0<0.10$，可以通过检验，此时的权重为：

$$(0.2531, 0.0422, 0.0507, 0.2320, 0.1461, 0.2759)^T$$

使用该方法依次计算"$A1$：农民经济发展状况"第二层级的其他判别矩阵值，用算数平均算法计算该层级权重，矩阵$B1$的平均权重为：

$$(0.2203, 0.0672, 0.0741, 0.2216, 0.1513, 0.2655)^T$$

按照同样的方法，计算出农民社会资本（A2）、农民生态行为与态度（A3）、生态现状感知（A4）、沙漠化防治效果感知（A5）指标下第二层级指标的平均权重为：

$$(0.1766, 0.0429, 0.1953, 0.1872, 0.2249, 0.1731)^T$$
$$(0.0758, 0.3162, 0.0423, 0.156, 0.1216, 0.2881)^T$$
$$(0.0758, 0.3162, 0.0423, 0.156, 0.1216, 0.2881)^T$$
$$(0.1243, 0.2219, 0.0905, 0.3502, 0.2131)^T$$
$$(0.1028, 0.0831, 0.1533, 0.1728, 0.2035, 0.0852, 0.1993)^T$$

计算完成后，同样需要进行一致性检验，二级指标总排序随机一致性比率为：

$$CR = \left(\sum_{j=1}^{m} a_j CI_j \right) / \left(\sum_{j=1}^{m} a_j RI_j \right) \qquad (9-12)$$

式（9-12）中，RI_j为第二层级元素对A_j单排序的一致性指标，当$CR<0.10$，可以认为层次总排序结果具有较为满意的一致性。计算得到$CR=$

0.0317 <0.10，即层次总排序结果具有较为满意的一致性。

第三节　微观层面利益群体的综合效益测评

$$B_i = \frac{b_i - \min(b_i)}{\max(b_i) - \min(b_i)} \quad (b_i \text{ 为正向指标时}) \qquad (9-13)$$

$$B_i = \frac{\max(b_i) - b_i}{\max(b_i) - \min(b_i)} \quad (b_i \text{ 为负向指标时}) \qquad (9-14)$$

表 9-1 二级指标存在不同性质和不同测量单位指标元素，依据式（9-13），式（9-14）对二级指标进行无量纲化处理。依据 AHP 法求出表 9-1 二级指标权重 ω_j。则二级指标评价指数 $= \omega_j b_j$，一级指标评价指数 $= \omega_i \sum \omega_j b_j$，则单个微观个体获得的综合效益指数 $= \sum \omega_i c_i$，其中 $c_i = \sum \omega_j b_j$。为了便于做环境公平分析，对微观个体获得综合效益做进一步处理，得到综合效益指数 Cb_i，其处理方式如下：

$$Cb_i = 100 \sum \omega_i c_i \qquad (9-15)$$

运用式（9-15）得到项目区 427 份样本的微观个体综合效益，其分布图如图 9-1 所示。其最低值为 22.31，最高值为 82.63，其平均值为

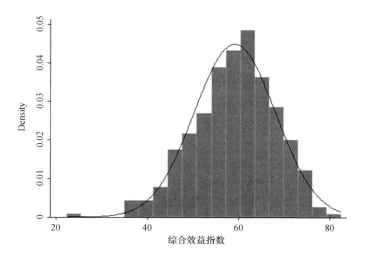

图 9-1　项目区微观个体获得的综合效益指数分布图

59.16，标准偏差 8.865，可以看出综合效益指数略呈左偏尖峰分布，初步判断微观个体获得的综合效益呈均质化的分布。

第四节 基于综合效益下环境公平分析

一 基于基尼系数的环境公平的判别

根据式（9－1），参考高技①关于基尼系数计算的方法，得到 $G = 0.083998$，依据环境公平定性的判断标准，$G \in [0, 0.2)$ 为公平。所以本书认为，从整体上讲项目区微观层面利益群体在综合效益获得方面不具有显著差异性，即总体上讲项目区微观层面利益群体在综合效益分配方面实现环境公平。为了进一步验证该分析结果，本书分别使用微观个体的年龄和家庭收入对综合效益指数做回归分析，研究人员选择核密度估计中的"局部加权散点光滑估计量"（Locally weighted scatterplot smoothing，简记 Lowess）对两对回归关系进行分析，Lowess 估计的优点在于它使用了可变带宽（依数据的稠密程度而定），对于极端值更加稳健，而且缓解了在两端估计不准的边界问题。如图 9－2 所示，进一步印证了项目区微观层面利益群体在综合效益分布均质化的状况。可能的解释是，项目区微观个体获得的综合效益很大情况来源于生态效益的外部性，这种外部性对于微观个体的影响具有同质化与无差别性，所以综合效益的差异主要来自不同个体的主观认知的不同和具体经济行为的决策方式的差异。

应当看出，基尼系数侧重于表述综合效益在不同微观个体间分布均质化程度，而对微观群体间分配合理程度的解释力度相对有限，沙化土地封禁保护区服务具有外部性，是准公共产品，理论上讲不排斥任何微观经济个体在政策允许范围内获得相关收益。总体上讲，微观层面利益群体获得了均质化的综合效益，即利益群体间实现环境公平，但是这种环境公平并不说明综合效益的本身量的大小和质的优劣，同时，微观个体间获得的综合效益也存在一定程度的差异。需要进一步分析影响综合

---

① 高技：《EXCEL 下基尼系数的计算研究》，《统计科学与实践》2008 年第 6 期。

效益获得的因素，并对综合效益分配的合理性与公平性的本质进行探讨。

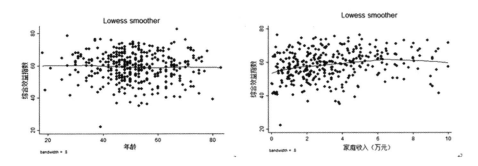

图 9 - 2　微观层面利益群体的综合效益指数与年龄、家庭收入的 Lowess 回归

二　综合效益指数的影响因素分析及对环境公平的启示

（一）影响因素的构建

依据式（9 - 5）所建立的模型，本书把关于微观个体的基本特征作为自变量。这些自变量包括：受访者性别（Gender）、年龄（Age）、婚否（Marriage）、受教育程度（Education）、家庭成员最高受教育程度（Heducation）、职业（Profession）、家庭总人口（Population）、家庭劳动力人口（Labor）、家庭未成年人口（Nonage）、家庭在读学生人口（School）、健康状况（Healthy）以及家庭年收入（Income）等。各变量含义及赋值如表 9 - 4 所示。运用分位数回归，并对比 OLS 回归结果，得到 OLS 估计系数以及分位数在 10%、25%、50%、75%、90% 的估计系数值及标准误。

表 9 - 4　　　　　　　分位数回归模型中各变量测量指标及赋值

变量类型	变量	变量名	赋值
因变量	Cb_i	综合效益指数	$100 \sum \omega_i c_i$
自变量	Gender	性别	1 = 男；0 = 女
	age	年龄	实际年龄
	Marriage	婚姻状况	1 = 未婚；2 = 已婚；3 = 其他

续表

变量类型	变量	变量名	赋值
自变量	Education	教育状况	1 = 未受过教育；2 = 小学；3 = 初中；4 = 高中；5 = 高职；6 = 大专及以上
	Heducation	家庭成员最高受教育程度	1 = 未受过教育；2 = 小学；3 = 初中；4 = 高中；5 = 高职；6 = 大专及以上
	Profession	职业	1 = 农民；2 = 个体户；3 = 服务业人员；4 = 私企工人；5 = 私企业经营者；6 = 国企员工；7 = 军人；8 = 事业单位人员；9 = 政府公务员；10 = 其他
	Population	家庭总人口	实际人数
	Labor	家庭劳动力人口	实际人数
	Nonage	家庭未成年人口	实际人数
	School	家庭在读学生人口	实际人数
	Healthy	身体健康状况	1 = 很不健康；2 = 比较不健康；3 = 一般；4 = 比较健康；5 = 很健康
	Income	家庭总收入（平减处理后）	实际值（万元）

（二）结果与分析

表 9 – 5 为所有的自变量参与回归检验得到的结果，可以看出，自变量年龄（Age）、婚否（Marriage）、受教育程度（Education）、劳动力人口（Labor）在读学生人口（School）等在 OLS 回归以及分位数回归上对综合效益影响不显著。由于指标选取过程中存在一定的交叉，本书采取逐一去掉不显著因素进行回归的方法，最终得到表 9 – 6 所示的结果。对比表 9 – 5 和表 9 – 6 可以看到，家庭总人口变量在模型 I 中，在 75% 的分位段上在 10% 的显著水平上与综合效益指数具有显著的负相关关系，在模型 II 中由于不具有显著性相关关系而被去掉。说明家庭的人口因素不是一个显著的影响因素，或者该因素受其他因素影响较大。经过逐一回归，受访者性别（Gender）、家庭成员最高受教育程度（Heducation）、职业（Profession）、未成年人口（Nonage）、健康状况（Healthy）以及家

庭总收入（Income）等因素对微观个体获得的综合效益影响显著。经验证可以看出，模型Ⅱ具有更高的解释优势。为了进一步把各个自变量影响综合效益的变化趋势表现出来，以模型Ⅱ为基础，制作了微观个体综合效益影响因素的分位数回归系数的变化趋势图（见图9-3）。

表9-5　　　　　　微观个体综合效益影响因素的 OLS 估计与
分位数回归估计（模型Ⅰ）

	OLS	qr_ 10	qr_ 25	qr_ 50	qr_ 75	qr_ 90
Gender	2.976 **	4.296 **	3.149 *	2.647 *	2.420 **	0.644
	(1.270)	(1.976)	(1.641)	(1.378)	(1.182)	(2.161)
Age	0.0506	-0.118	-0.0850	0.0162	0.0741	0.143
	(0.0515)	(0.0802)	(0.0666)	(0.0559)	(0.0480)	(0.0877)
Marriage	0.628	1.628	0.440	1.452	-1.042	-1.922
	(2.441)	(3.799)	(3.154)	(2.650)	(2.272)	(4.155)
Education	-0.537	-1.185	-0.578	-0.350	-0.0979	0.393
	(0.508)	(0.790)	(0.656)	(0.551)	(0.473)	(0.864)
Heducation	1.533 ***	1.660 **	1.472 **	1.057 **	1.176 ***	1.311 *
	(0.452)	(0.703)	(0.583)	(0.490)	(0.420)	(0.768)
Profession	-0.0871	0.0938	0.0528	-0.224	-0.663 *	-0.756
	(0.375)	(0.583)	(0.484)	(0.407)	(0.349)	(0.638)
Population	-0.0768	-0.206	-0.397	-0.196	-0.670 *	-0.467
	(0.409)	(0.637)	(0.529)	(0.444)	(0.381)	(0.697)
Labor	-0.950	-0.654	-0.380	-0.479	0.0548	-0.660
	(0.692)	(1.077)	(0.894)	(0.751)	(0.644)	(1.177)
Nonage	2.023 *	4.877 ***	3.129 **	1.853	2.203 **	1.222
	(1.166)	(1.814)	(1.506)	(1.265)	(1.085)	(1.983)
School	-1.281	-2.118	-2.027	-0.900	-0.344	-0.567
	(1.166)	(1.814)	(1.506)	(1.265)	(1.085)	(1.984)

续表

	OLS	qr_ 10	qr_ 25	qr_ 50	qr_ 75	qr_ 90
Healthy	1. 844 **	0. 302	1. 384	2. 384 ***	1. 352 **	2. 395 *
	(0. 727)	(1. 132)	(0. 939)	(0. 789)	(0. 677)	(1. 238)
Income	0. 151 *	0. 233 *	0. 166	0. 0929	0. 0607	0. 0666
	(0. 0798)	(0. 124)	(0. 103)	(0. 0866)	(0. 0743)	(0. 136)
_ cons	38. 49 ***	38. 24 ***	43. 08 ***	38. 79 ***	46. 41 ***	46. 96 ***
	(6. 309)	(9. 817)	(8. 150)	(6. 847)	(5. 872)	(10. 74)
N	427	427	427	427	427	427

注：回归系数下面括号内为标准误；*** 、** 和 * 分别为 1% 、5% 和 10% 的显著水平。

表 9 - 6　　　　　微观个体综合效益影响因素的 OLS 估计与
分位数回归估计（模型 Ⅱ）

	OLS	qr_ 10	qr_ 25	qr_ 50	qr_ 75	qr_ 90
Gender	2. 586 **	3. 568	2. 754 *	2. 824 **	2. 219 **	1. 577
	(0. 999)	(2. 268)	(1. 448)	(1. 104)	(1. 056)	(1. 457)
Heducation	0. 834 **	0. 274	0. 583	0. 528	0. 997 ***	1. 014 *
	(0. 362)	(0. 822)	(0. 525)	(0. 400)	(0. 383)	(0. 528)
Profession	− 0. 217	0. 238	0. 0135	− 0. 126	− 0. 595 *	− 0. 385
	(0. 297)	(0. 673)	(0. 430)	(0. 328)	(0. 313)	(0. 432)
Nonage	0. 672	1. 293	0. 410	0. 522	1. 170 **	0. 614
	(0. 497)	(1. 128)	(0. 720)	(0. 549)	(0. 525)	(0. 725)
Healthy	1. 131 *	− 0. 0419	1. 141	1. 681 **	1. 047 *	1. 635 *
	(0. 589)	(1. 336)	(0. 853)	(0. 650)	(0. 622)	(0. 858)
Income	0. 167 **	0. 248	0. 165	0. 191 **	0. 117	0. 0602
	(0. 0696)	(0. 158)	(0. 101)	(0. 0769)	(0. 0735)	(0. 101)
_ cons	43. 15 ***	37. 94 ***	40. 79 ***	43. 72 ***	46. 99 ***	49. 41 ***
	(2. 101)	(4. 769)	(3. 043)	(2. 321)	(2. 220)	(3. 064)
N	427	427	427	427	427	427

注：回归系数下面括号内为标准误；*** 、** 和 * 分别为 1% 、5% 和 10% 的显著水平。

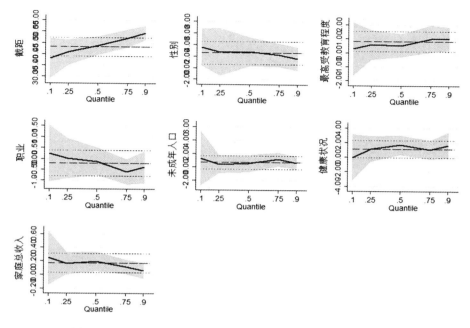

图 9 – 3 微观个体综合效益影响因素的分位数回归系数的变化

（1）性别（Gender）因素对微观个体获得的综合效益的影响

从总体上讲（从 OLS 回归结果上看，下同），性别与个体综合效益的获得在 5% 的水平上呈正相关关系，即总体上讲相较于女性而言，男性获得更高的综合效益。从分位数相关系数上讲，25% 的分位段相关系数在 10% 显著水平上显著，50%、75% 的分位数上相关系数在 5% 显著水平上显著，说明性别因素显著影响在 25% 至 75% 区间段的综合效益，且相关系数大小相差不大。从图 9 – 3 第一排第二个小图可以看出中间段位相关系数趋势图较为平稳，能够相互印证。

（2）家庭成员最高受教育程度（Heducation）因素对微观个体获得的综合效益的影响

从总体上讲，家庭成员最高受教育程度（Heducation）与个体综合效益的获得在 5% 的水平上呈正相关关系，即总体上讲家庭成员受教育程度越高越容易获得较高的综合效益。从分位数回归上看，分位数 75% 的相关系数在 1% 显著水平上显著，分位数 90% 的相关系数在 10% 的显著水平显著，说明家庭成员最高受教育程度对较高的分位段上综合效益影响显著。从图 9 - 3 所示的第一排第三个小图可以看出这种趋势。

（3）职业（Profession）因素对微观个体获得的综合效益的影响

从总体上讲，职业（Profession）因素对微观个体获得的综合效益影响不显著。从分位数回归上讲，分位数 75% 上的相关系数在 10% 显著水平显著，数值为 - 0.595，即呈显著负相关关系。职业在一定程度上体现了受访者家庭生计方式，从变量的赋值上可以看出，农民相较于其他职业群体在 75% 分位段上能获得更高的综合效益。

（4）家庭未成年人口（Nonage）因素对微观个体获得的综合效益的影响

从总体上讲，家庭未成年人口（Nonage）因素对微观个体获得的综合效益影响不显著。从分位数回归上讲，分位数 75% 上的相关系数在 10% 显著水平上显著，数值为 1.170，即呈显著正相关关系。说明家庭未成年人口显著正向影响 75% 分位段微观个体获得的综合效益，可能的原因是，项目区仍处于传统价值观较为浓厚社区与村落，微观个体信奉多子多福价值观，未成年人增多在一定程度上有利于村民幸福感的提升，会间接的升农户获得的社会效益。

（5）健康状况（Healthy）因素对微观个体获得的综合效益的影响

总体上讲，受访者健康（Healthy）状况显著影响微观个体获得的综合效益，在 10% 的显著水平上呈显著正相关关系，说明受访者健康状况的提升有利于提升其获得的综合效益。从分位数回归上看，分位数 50% 的相关系数在 1% 的显著水平上显著，分位数为 75%、90% 的相关系数在 10% 的显著水平上显著，其值分别为 1.681、1.047、1.635。从图 9 - 3 第二排第三个小图可以印证这种趋势，说明受访者的健康状况显著的正向影响个体获得中高段位的综合效益。

（6）家庭总收入（Income）因素对微观个体获得综合效益的影响

总体上讲，受访者家庭总收入（Income）显著影响微观个体获得的综合效益，在 5% 的显著水平上呈显著正相关关系，说明受访者健康状况的提升有利于提升其获得的综合效益。从分位数回归上看，分位数 50% 的相关系数在 5% 的显著水平上显著，其值为 0.191，说明受访者的家庭总收入显著影响个体获得中段位的综合效益。

（三）综合效益指数影响因素分位数回归对环境公平的启示

从综合效益指数影响因素分位数回归的结果看，受访者性别（Gender）、家庭成员最高受教育程度（Heducation）、职业（Profession）、家庭未成年人口（Nonage）、健康状况（Healthy）以及家庭总收入（Income）等因素对微观个体获得的综合效益影响显著。其中除职业因素之外，其他因素与因变量均呈正向相关关系，得到以下启示。

一是通过基尼系数分析，在微观层面利益群体获得了均质化的综合效益指数，即总体上实现了环境公平，但是这并不意味着每一个微观个体获得项目区环境效益的水平是一样，也不意味着每一个微观个体获得的项目区环境效益的能力是一样的。

二是通过综合效益指数影响因素分位数回归的结果看，微观个体获得的综合效益的能力存在显著差异性。从一定程度上讲，存在着环境不公平的可能性与现实性。微观个体获得的综合效益能力与水平存在显著的差异，受到受访者结构性因素的影响，这些因素的背后体现了受访者不同的生产方式、生存状态和生计模式。所以环境公平与不公平背后折射出微观个体不同的生产方式以及微观个体不同的生计资本和社会资本。所以，本书认为微观层面利益群体环境公平是处于较低层次公平，这种较低层面的公平体现在两个方面：①综合效益均值为59.16，即保护区环境效益不是很高；②研究区整体社会生产力水平不是很高，由生计资本与社会资本决定的获得环境效益的能力处于低水平的差异。

三是本书针对的是沙化土地封禁保护项目区的社区居民，其受到保护区的综合效益基础是保护区生态效益的外部性，同时还受到大的生态环境影响。由于生态效益的显现是一个缓慢的非线性过程，农民获得的保护区综合效益在短时间内具有稳定性，在人际间具有非排他性。微观个体获得的综合效益从指标选取上可以看到，既有客观指标也有个体主观上对环境福利的感知，包含主客观因素。所以对环境公平的评价既需要客观指标的评价，也需要主观认知的分析。

第五节　基本结论

　　本书以微观个体获得的保护区综合效益为评测依据，通过综合效益的分布状况，分析微观个体在土地沙漠化防治中获得的环境利益是否公平，通过环境基尼系数的测算，环境基尼系数值为 $G = 0.083998$，依据环境公平定性的判断标准，$G \in [0, 0.2)$ 为公平。所以本书认为，总体上讲项目区微观层面利益群体在综合效益分配方面实现环境公平。

　　从综合效益指数影响因素分位数回归的结果看，受访者性别、家庭成员最高受教育程度、职业、家庭未成年人口、健康状况以及家庭总收入等因素对微观个体获得的综合效益影响显著。其中除职业因素之外，其他因素与因变量均呈正向相关关系。本书得到以下启示：在微观层面利益群体实现了环境公平，并不意味着每一个微观个体获得项目区环境利益的水平是一样，也不意味着每一个微观个体获得的项目区环境利益的能力是一样的；环境公平与不公平背后折射出的微观个体不同的生产方式以及微观个体不同的生计资本和社会资本；微观层面利益群体环境公平是处于较低层次公平，对微观个体的环境公平的测评既要考虑客观因素也要考虑微观个体主观认知的因素。

第十章

主要研究结论及展望

第一节　主要研究结论

本书在界定土地沙漠化防治中的环境公平概念内涵的基础上，提出了土地沙漠化防治中环境公平问题的研究层面与分析逻辑。土地沙漠化防治中涉及利益群体可以分为三类，一是宏观层面，主要包括代表全国人民利益的中央政府；二是中观层面，主要包括地方政府和相关职能部门；三是微观层面，主要包括项目区农牧民。[①] 三类群体在土地沙漠化防治中的利益关切点分别是：以中央政府为代表的宏观层面利益群体代表着全国人民的利益，其是土地沙漠化防治中的主导方，支付了主要的项目建设费用，在土地沙漠化防治中的首要目标是实现生态效益的最大化，改善生态环境，实现生态安全；以地方政府和相关职能部门为代表的中观层面利益群体，其在土地沙漠化防治过程中支付了机会成本和管理成本、人工成本，其主要的利益关注点是项目区复合型生态系统中生态系统和经济社会系统的耦合协调程度；以农牧民群众为代表的微观利益群体，在土地沙漠化防治中损失了部分经济利益和机会成本，参与环境治理的目的是期待家乡生态环境变好的同时，更希望自身获得的实际效益，其建设目标是追求以经济效益为基础的综合效益的最大化。所以，本文在研究土地沙漠化防治中的环境公平问题时，根据不同的利益群体分为三个层面分别探索分析。得出以下结论。

---

① 刘拓：《中国土地沙漠化及其防治策略研究》，博士学位论文，北京林业大学，2005 年。

（1）宏观层面利益群体环境公平分析

以生态安全为宏观层面利益群体环境公平判别变量，以卡尔多－希克斯标准为环境公平判别标准，以不同的政策之间或同一政策不同实施阶段生态安全的变化作为整体福利增加或减少的依据。土地沙漠化防治中，存在"中央政府—地方政府—项目管理方—项目承包方"多层级的委托代理关系，宏观层面的利益主体是中央政府，其利益的实现是通过地方政府（县一级政府）代理实施的生态工程项目产生的环境效益实现的。所以，本书中分析土地沙漠化防治宏观层面利益主体的范围是以县域为基本单位，同时分析具体生态工程项目的环境效益。

对比沙化土地封禁保护区建设前（2008—2013 年）与建设后（2013—2016 年），从县域范围上讲，民勤县生态安全评价分值降低了 0.36，生态安全趋势向好，环境公平指数为 1.099252，定性判断为环境公平；金川区生态安全评价分值降低了 0.09，生态安全同时有向好和向坏两个方向转变，整体趋势变化不明显，环境公平指数为 1.021962，定性判断为环境基本公平；凉州区生态安全评价分值增加了 0.27，生态安全有向坏变化趋势，环境公平指数为 0.930585，定性判断为环境不公平；古浪县生态安全评价分值降低了 0.20，生态安全有向好变化趋势，环境公平指数为 1.057349，定性判断为环境公平；永昌县生态安全评价分值增加了 0.19，生态安全有一定的变坏趋势，环境公平指数为 0.952035，定性判断为环境基本公平。

从项目区范围上讲，梭梭井沙化土地封禁保护区（民勤县）生态安全评价分值增加了 0.03，生态安全变化趋势不明显，环境公平指数为 0.991964，定性判断为环境基本公平；小山子沙化土地封禁保护区（金川区）生态安全评价分值降低了 0.72，生态安全变化有向好方向发展趋势，环境公平指数为 1.180518，定性判断为环境公平；夹槽滩沙化土地封禁保护区（凉州区）生态安全评价分值增加了 0.47，生态安全变化有向坏方向发展趋势，环境公平指数为 0.89562，定性判断为环境不公平；麻黄塘沙化土地封禁保护区（古浪县）生态安全评价分值降低了 0.42，生态安全变化有向好方向发展趋势，环境公平指数为 1.117996，定性判断为环境公平；清河绿洲北部沙化土地封禁保护区（永昌县）生态安全评价分值降低了 0.39，生态安全变化有向好方向发展趋势，环境公平指数为 1.09767，定性判断为环境公平。

（2）中观层面利益群体环境公平分析

中观层面利益主体是以地方政府和相关职能部门为代表的地方准生态公共品保护与供给的代理者，在保护区建设过程中中观层面利益主体支付了机会成本和管理成本、人工成本，其主要的利益关注点是项目区复合型生态系统中生态系统和经济社会系统的耦合协调程度，使用该变量度量中观层面利益主体的利益（或者福利），衡量是否公平的标准为卡尔多－希克斯标准，主要采用纵向对比的方法，辅助以横向对比。

基于基线数据项目区经济社会和生态系统的耦合协调度分析如下：处于基本协调状态的项目区为麻黄塘沙化土地封禁保护区（古浪县）、小山子沙化土地封禁保护区（金川区）、清河绿洲北部沙化土地封禁保护区（永昌县），处于冲突与过度调和状态的项目区为夹漕滩沙化土地封禁保护区（凉州区）和梭梭井沙化土地封禁保护区（民勤县），研究区总体上处于冲突与过度调和状态；基于中期数据：处于基本协调状态的项目区包括麻黄塘沙化土地封禁保护区（古浪县）、小山子沙化土地封禁保护区（金川区）、梭梭井沙化土地封禁保护区（民勤县）以及研究区整体；处于冲突与过度调和状态的项目区包括夹漕滩沙化土地封禁保护区（凉州区）、清河绿洲北部沙化土地封禁保护区（永昌县）。

环境基本公平的项目区有：小山子沙化土地封禁保护区（金川区），环境公平指数 1.045409；清河绿洲北部沙化土地封禁保护区（永昌县），环境公平指数 0.977559；梭梭井沙化土地封禁保护区（民勤县），环境公平指数 1.039694；环境不公平的项目区有夹漕滩沙化土地封禁保护区（凉州区），环境公平指数 0.949852；环境公平的项目区有麻黄塘沙化土地封禁保护区（古浪县），环境公平指数 1.050796。从纵向上对比，在沙化土地封禁保护区建设项目上，金川区、永昌县、民勤县实现了环境基本公平，凉州区没有实现环境公平，古浪县实现环境公平。从横向对比上看，古浪县、金川区、永昌县、民勤县四个县域政府和林业部门实现了或者达到了土地沙漠化防治效果，而凉州区没有达到土地沙漠化防治预期效果，出现了生态系统变坏或者复合型生态系统两个子系统耦合协调度明显降低趋势。从总体上讲，研究区中观层面利益主体实现环境基本公平，环境公平指数 1.014507。

（3）微观层面利益群体环境公平分析

"卡尔多－希克斯标准"分析宏观层面和中观层面的环境公平，主要考虑的是从整体上衡量土地沙漠化防治中环境福利增减情况，并建立了环境公平判别模型测度是否实现"集体效率的目标"。本书认为，从整体上衡量环境福利增减与均衡情况并不能说明微观个体在环境治理中收益是否实现环境公平，即需要分析每一个行为个体在项目区的综合收益是否实现公平。相较于宏观层面与中观层面利益群体的确定性，微观个体具有不确定性和广泛性等特点，所以对微观层面利益群体采取动态博弈方法和环境基尼系数法论述环境公平在土地沙漠化防治中的必要性与现实性，运用分位数回归方法分析环境公平分布的影响因素，得到以下结论。

第一，对项目区居民调查显示存在以下问题：一是保护行动组织的有效性缺失；二是破坏行为的约束机制缺失；三是保护区项目实施与项目区居民的保护激励脱钩。项目区居民对保护区建设受偿意愿的期望值与实际生态补偿均值之间的差距为 1740.361 元/户/年。通过动态博弈结果分析可以看出，单纯地依靠政策干预并不会达到有效管护效果，需要发挥社会资本将政策的干预正向效果扩大。在不完全合约的环境下，社会组织或者社会资本的规范效果是约束投机行为、促进社会良性互动的基本保障，为了减少人们侵扰保护区对生态环境造成压力，建立惩罚措施是必要的。在封禁保护区除尽快出台相关的法规加强巡护人员的巡护之外，还需要与当地村民充分合作，建构公平和睦利益互惠的运行机制，调动村民的积极性和创造性。发挥村规民约在封禁保护区管护中的作用，引导和建立村民的自组织，多方面引导人们生活习惯，规范人们的生活行为，在环境公平规范作用下，提高破坏者的舆论与道德压力，才能抑制破坏促进合作。

第二，封禁保护区建设作为一项具有正外部性的生态工程，其经济效益、生态效益和社会效益的发挥是十分缓慢的过程，农民短时期很难看到实际的显著效果，加上乡村自组织的缺乏，农民自身的力量单薄缺少管护保护区的积极性。在这种情况下，政府和社区在保护区管护过程中发挥着不可替代的作用，具体来讲，政府与社区在保护区治理过程中发挥具有不同层次的作用：第一，政府是这一工程顺利实施的主导方，其作用的发挥主要体现在两个方面，一是负责激励机制、运行规则以及相关法规的制定与实施，二是组织第三方对项目的运行过程和运行结果进行监督和管理。第二，社区作为一种介于政府与微观个体间的非政府力量在封禁保护区建设过程中发挥积极作用，其作用体现在以下几个方面：一是社区有利于协助政府进行项目的监督管理，二是社区有助于减少信息的不对称，制定具有本土化的解决争议争端的规则，有利于把破坏保护区产生的外部效应内部化。所以，做好土地沙漠化防治工作的思路应该遵循庇古思路与科斯思路相结合的原则，一方面，政府应该是土地沙漠化治理的主导方，在政策制定、生态工程投资、生态补偿等方面进行积极的政府干预。另一方面，在保护区建设与经营过程中应该积极发挥保护区周边社区等非政府的力量，构建以社会资本为核心的环境公平规范，通过招募周边村民参与工程建设、巡护（承包管护权）等方式实现公有产权一定程度的内部化。

第三，基于基尼系数计算的方法，得到 $G = 0.083998$，依据环境公平定性的判断标准，$G \in [0, 0.2)$ 为环境公平。所以本书认为，从整体上讲项目区微观层面利益群体在综合效益获得方面不具有显著差异性，即总体上讲项目区微观层面利益群体在综合效益分配方面实现了环境公平。

第四，从综合效益指数影响因素分位数回归的结果看，受访者性别、家庭成员最高受教育程度、职业、家庭未成年人口、健康状况以及家庭总收入等因素对微观个体获得的综合效益影响显著。其中除职业因素之外，其他因素与因变量均呈正向相关关系。本书得到以下启示：在微观层面利益群体实现了环境公平，并不意味着每一个微观个体获得项目区环境利益的水平是一样，也不意味着每一个微观个体获得的项目区环境利益的能力是一样的。从单个因素来看，微观个体获得的综合效益的能力存在显著差异性，从一定程度上讲存在着环境不公平的可能性与现实性。微观个体获得的综合效益能力与水平存在显著的差异，受到受访者结构性因素的影响，这些因素的背后体现了受访者不同的生产方式、生存状态和生计模式。所以环境公平与不公平背后折射出的是微观个体不同的生产方式以及微观个体不同的生计资本和社会资本。研究认为微观层面利益群体环境公平是处于较低层次公平，这种较低层面的公平体现在两个方面：①综合效益均值为59.16，即保护区环境效益不是很高；②研究区整体社会生产力水平不是很高，由生计资本与社会资本决定的获得环境效益的能力处于低水平的差异。

第五，本书针对的是沙化土地封禁保护项目区的社区居民，其受到的保护区的综合效益基础是保护区生态效益外部性，同时还受到大的生态环境变化的影响。由于生态效益的显现是一个缓慢的非线性过程，农民获得的保护区综合效益在短时间内具有稳定，在人际间具有非排他性。微观个体获得的综合效益从指标选取上可以看到，既有客观指标也有个体主观上对环境福利的感知，包含主客观因素。所以对环境公平的评价既需要客观指标的评价也需要主观认知的分析。

第二节　研究的不足与展望

第一，从宏观层面与中观层面利益群体分析环境公平的标准时，采取的是"卡尔多－希克斯标准"，即从整体上衡量土地沙漠化防治中环境福利增减情况，主要采取的是纵向对比的方法，对不同期环境福利或者环境容量增减情况作了衡量，没有做横向的对比测评。环境公平问题另一个重要的测评视角体现在生态环境获得收益与承担成本是否对等，且收益与风险的承担者的主体是否一致方面。因为，土地沙漠化环境防治获得的生态环境福利，不仅有利于当地经济社会发展，且能惠及全体社会成员和其他区域，尤其是东南沿海经济发达地区。本着环境公平中生态环境获得收益与承担成本对等的原则，土地沙漠化防治区域承担的治理成本应该由经济发达到地区承担，但是，目前尚缺少精确地测量工具与方法，未来需要在这个方向作更深入探索。

第二，研究区域同时存在多个生态治理工程，这些生态治理工程虽然分布在各个县（区）不同的生态治理区域，但是由于生态工程具有很强的外部性，各个生态工程存在相互影响（促进或者制约）的作用，所以分析县（区）范围内的生态安全与环境公平，其结果是各个生态工程共同作用的结果，本书在分析该问题时没有进行区分。

第三，环境公平宏观层面利益群体与中观层面利益群体不同，治理的目标也不尽相同，所以对项目区的环境公平测评结果存在差别，其结果如表10-1所示。可以看出两个层面判别得到的结果有相关性，但并不完全一致。从影响因素上看，中观层面环境公平测评影响因素多且作用机制非线性，不仅受到保护区生态效益的影响，也受到县域生态环境和更宏观区域生态环境影响。本书并没有把这些影响加以区分，未来需要在这方面进一步分析。

表10-1　　　　项目区宏观与中观层面环境公平判别比较

项目区	麻黄塘沙化土地封禁保护区	夹漕滩沙化土地封禁保护区	小山子沙化土地封禁保护区	清河绿洲北部沙化土地封禁保护区	梭梭井沙化土地封禁保护区
所在县	古浪县	凉州区	金川区	永昌县	民勤县
宏观层面	1.117996	0.89562	1.180518	1.09767	0.991964
	环境公平	环境不公平	环境公平	环境公平	环境基本公平
中观层面	1.050894	0.941742	1.028494	0.978016	1.042836
	环境公平	环境不公平	环境基本公平	环境基本公平	环境基本公平

第四，生态环境对微观个体产生的影响体现在两个方面：一是微观个体在生态环境中获得的福利；二是微观个体在生态环境中受到的损失（或受到的生态灾害风险）。只有综合这两个方面研究分析，才能把微观层面利益群体的环境公平现状与本质分析更全面、清晰。本书探讨了微观个体在生态环境福利方面的环境公平问题，已有的研究[①]在微观个体受到的生态灾害方面的环境公平问题作了探索，具体情况如图10-1、图10-2所示。未来需要综合微观个体在生态环境中的收益与受损两个方面因素，对土地沙漠化防治微观层面个体环境公平情况作更全面分析。

---

① 韦惠兰、王光耀：《土地沙化区农民特征与其感知的环境灾害风险的关系分析——基于环境公平视角》，《自然资源学报》2017年第32卷。

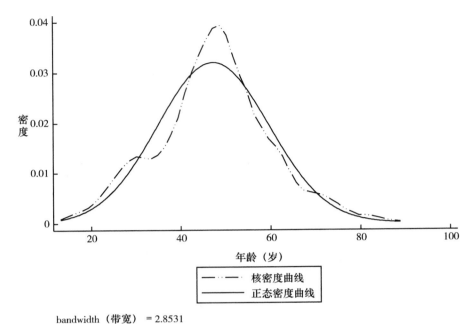

bandwidth（带宽）= 2.8531

图 10 – 1　感知到环境灾害风险的受访者的年龄分布的核密度估计

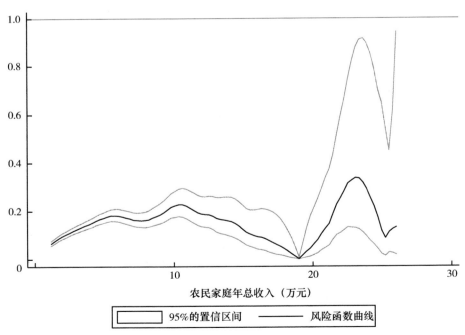

图 10 – 2　农民家庭年总收入与其感知的环境灾害风险情况的风险函数估计

第五，环境公平涵盖代内公平与代际公平两个方面。由于保护区才建设与运营 5 年，项目区复合型生态系统演化还处于量变的过程，尚不足以分析代际公平问题。本书仅限于代内环境公平的探讨，课题组将持续对保护区定期观测，期望能够获得更多的时间序列数据，为分析代际公平问题，进而分析可持续发展问题提供数据支撑。

参考文献

专著

[美] 艾米·R. 波蒂特、马可·A. 詹森、埃莉诺·奥斯特罗姆等：《共同合作：集体行为、公共资源与实践中的多元方法》，中国人民大学出版社 2011 年版。

[美] 爱蒂丝·布朗·魏伊丝：《公平地对待未来人类：国际法、共同遗产、世代公平》，汪劲、于方、王鑫海译，法律出版社 2000 年版。

陈强：《高级计量经济学及 Stata 应用》（第二版），高等教育出版社 2014 年版。

樊胜岳、张卉、乌日嘎：《中国荒漠化治理的制度分析与绩效评价》，高等教育出版社 2011 年版。

甘绍平：《应用伦理学前沿问题研究》，江西人民出版社 2002 年版。

[美] Herman E. Daly、Joshua Farley：《生态经济学：原理与应用》，徐中民等译，黄河水利出版社 2007 年版。

洪明勇：《生态经济的制度逻辑》，中国经济出版社 2013 年版。

胡宝清、严志强、廖赤眉等：《区域生态经济学理论、方法与实践》，中国环境科学出版社 2005 年版。

蒋亚娟、陈泉生：《环境法学基本理论》，中国环境出版社 2004 年版。

厉以宁：《西方经济学·第 3 版》，高等教育出版社 2010 年版。

刘士民：《柏拉图与亚里士多德之法律思想的比较》，《中西法律思想论文集》，（台北）汉林出版社 1995 年版。

刘拓：《中国土地沙漠化防治策略》，中国林业出版社 2006 年版。

马光：《环境与可持续发展导论》，科学出版社 2014 年版。

马胜杰、夏杰长：《公共经济学》，中国财政经济出版社 2003 年版。

［美］诺奇克：《无政府、国家与乌托邦》，何怀宏等译，中国社会科学出版社 1991 年版。

［瑞典］乔根·W. 威布尔：《演化博弈论》，王永钦译，上海人民出版社 2015 年版。

申维：《耗散结构、自组织、突变理论与地球科学》，地质出版社 2008 年版。

［美］汤姆·蒂坦伯格等：《环境与自然资源经济学》（第八版），王晓霞译，中国人民大学出版社 2011 年版。

韦惠兰、张可荣：《自然保护区综合效益评估理论与方法：甘肃白水江国家级自然保护区案例研究》，科学出版社 2006 年版。

吴明隆：《问卷统计分析实务》，重庆大学出版社 2010 年版。

夏纪军：《公平与集体行动的逻辑》，上海人民出版社 2013 年版。

［英］亚当·斯密：《国民财富的性质和原因的研究》（下卷），郭大力、王亚南译，商务印书馆 1974 年版。

［美］约翰·C. 伯格斯特罗姆、阿兰·兰多尔：《资源经济学：自然资源与环境政策的经济分析》，谢关平、朱方明等译，中国人民大学出版社 2015 年版。

［美］约翰·罗尔斯：《正义论》，何怀宏等译，中国社会科学出版社 1988 年版。

张帆、夏凡：《环境与自然资源经济学》，格致出版社、上海三联书店、上海人民出版社 2016 年版。

张照贵：《经济博弈与应用》，西南财经大学出版社 2016 年版。

郑永琴：《资源经济学》，中国经济出版社 2013 年版。

钟茂初：《全球可持续发展经济学》，经济科学出版社 2011 年版。

钟茂初、闫文娟、赵志勇等：《可持续发展的公平经济学》，经济科学出版社 2013 年版。

期刊

A. 科塔里、F. 德马里亚、A. 阿科斯塔等：《好生活、去增长和生态自治：可持续发展和绿色经济的替代选择》，《国外理论动态》2016 年第11 期。

阿力木江·牙生、蓝利、程红梅等：《新疆沙漠化防治区划及分区防治技术与模式》，《干旱区地理》（中文版）2010 年第 33 卷第 3 期。

白建武：《和谐社会视阈下的人与自然关系及环境公平建设》，《社会科学论坛：学术研究卷》2009 年第 9 期。

白瑞雪：《生态经济学中的代际公平研究前沿进展》，《社会科学研究》2012 年第 6 期。

蔡昉、都阳、王美艳：《经济发展方式转变与节能减排内在动力》，《经济研究》2008 年第 6 期。

蔡守秋：《环境公平与环境民主——三论环境资源法学的基本理念》，《河海大学学报》（哲学社会科学版）2005 年第 7 卷第 3 期。

蔡文：《环境公平视角下的地方政府环境责任研究》，《中南大学》2011 年第 1 期。

陈丁江、吕军、沈晔娜：《区域间水环境容量多目标公平分配的水环境基尼系数法》，《环境污染与防治》2010 年第 32 卷第 1 期。

陈昆亭、周炎：《创新补偿性与内生增长可持续性理论研究》，《经济研究》2017 年第 7 期。

陈磊、田双清、张宽等：《基于耗散结构理论的四川省耕地生态安全测度分析》，《水土保持研究》2017 年第 2 期。

迟妍妍、饶胜、陆军：《重要生态功能区生态安全评价方法初探——以沙漠化防治区为例》，《资源科学》2010 年第 32 卷第 5 期。

迟妍妍、许开鹏、张惠远：《浑善达克沙漠化防治区生态安全评价与对策》，《干旱区研究》2015 年第 5 期。

邓大才：《中国农村产权变迁与经验——来自国家治理视角下的启示》，《中国社会科学》2017 年第 1 期。

邓雪、李家铭、曾浩健等：《层次分析法权重计算方法分析及其应用研究》,《数学的实践与认识》2012 年第 42 卷第 7 期。

狄雯华、王学军:《环境政策的公平与效率分析》,《中国人口·资源与环境》1997 年第 3 期。

丁文广、陈利珍、徐浩、许娈:《气候变化对甘肃河西走廊地区沙漠化影响的风险评价》,《兰州大学学报》(自然科学版) 2016 年第 52 卷第 6 期。

董光前:《生活质量视阈下的环境公平问题》,《西北师大学报》(社会科学版) 2011 年第 48 卷第 6 期。

董金明、尹兴、张峰:《我国环境产权公平问题及其对效率影响的实证分析》,《复旦学报》(社会科学版) 2013 年第 55 卷第 2 期。

董玉祥:《藏北高原土地沙漠化现状及其驱动机制》,《山地学报》2001 年第 5 期。

董玉祥:《西藏自治区土地沙漠化防治及其工程建设问题研究》,《自然资源学报》2001 年第 16 卷第 2 期。

段英杰、何政伟、王永前等:《基于遥感数据的西藏自治区土地沙漠化监测分析研究》,《干旱区资源与环境》2014 年第 12 卷第 1 期。

段显明、林永兰、黄福平:《可持续发展理论中代际公平研究的述评》,《林业经济问题》2001 年第 21 卷第 1 期。

樊胜岳、马丽梅:《基于农户的生态建设政策绩效评价研究》,《干旱区地理》2008 年第 31 卷第 4 期。

樊胜岳、韦环伟、碌婧:《沙漠化地区基于农户的退耕还林政策绩效评价研究》,《干旱区资源与环境》2009 年第 23 卷第 10 期。

樊胜岳、周立华、马永欢:《宁夏盐池县生态保护政策对农户的影响》,《中国人口·资源与环境》2005 年第 15 卷第 3 期。

范明明、李文军:《生态补偿理论研究进展及争论——基于生态与社会关系的思考》,《中国人口·资源与环境》2017 年第 27 卷第 3 期。

范庆泉、周县华、张同斌:《动态环境税外部性、污染累积路径与长期经济增长——兼论环境税的开征时点选择问题》,《经济研究》2016 年第 8 期。

方行明、魏静、郭丽丽:《可持续发展理论的反思与重构》,《经济学家》

2017 年第 3 期。

高技：《EXCEL 下基尼系数的计算研究》，《统计科学与实践》2008 年第 6 期。

桂东伟、曾凡江、雷加强等：《对塔里木盆地南缘绿洲可持续发展的思考 与建议》，《中国沙漠》2016 年第 36 卷第 1 期。

韩兰英、万信、方峰：《甘肃河西地区沙漠化遥感监测评估》，《干旱区地 理》2013 年第 36 卷第 1 期。

洪大用：《环境公平：环境问题的社会学视点》，《浙江学刊》2001 年第 4 期。

胡智育：《甘肃河西走廊农垦与土地沙漠化问题》，《胡智育·经济地理》 1986 年第 1 期。

胡祖光：《基尼系数理论最佳值及其简易计算公式研究》，《经济研究》 2004 年第 9 期。

黄敬宝：《外部性理论的演进及其启示》，《生产力研究》2006 年第 7 期。

黄鹂、张巧遇：《环境公平与新农村建设》，《安徽大学学报》（哲学社会 科学版）2008 年第 32 卷第 4 期。

黄少安：《制度经济学由来与现状解构》，《改革》2017 年第 1 期。

黄秀华：《公平理论研究的历史、现状及当代价值》，《广西社会科学》 2008 年第 6 期。

靳乐山：《环境污染的国际转移与城乡转移》，《中国环境科学》1997 年 第 4 期。

孔忠东、徐程扬、杜纪山：《退耕还林工程效益评价研究综述》，《西北林 学院学报》2007 年第 22 卷第 6 期。

李波、赵海霞、郭卫华等：《退耕还林（草）、封山禁牧对传统农牧业的 冲击与对策——以北方农牧交错带的皇甫川流域为例》，《地域研究与 开发》2004 年第 23 卷第 5 期。

李诚志、张燕、刘志辉：《新疆地区沙漠化对气候变化的响应与治理对 策》，《水土保持通报》2014 年第 34 卷第 4 期。

李崇明、丁烈云：《小城镇资源环境与社会经济协调发展评价模型及应用 研究》，《系统工程理论与实践》2004 年第 11 期。

李春晖、李爱贞：《环境代际公平及其判别模型研究》，《山东师范大学学报》（自然科学版）2000 年第 15 卷第 1 期。

李梦洁：《环境污染、政府规制与居民幸福感——基于 CGSS（2008）微观调查数据的经验分析》，《当代经济科学》2015 年第 37 卷第 5 期。

李苗苗、吴炳方、颜长珍等：《密云水库上游植被覆盖度的遥感估算》，《资源科学》2004 年第 26 卷第 4 期。

李森、董光荣、董玉祥、金炯、刘玉璋：《西藏"一江两河"中部流域地区土地沙漠化防治目标、对策与治沙工程布局》，《中国沙漠》1994 年第 2 期。

李德顺：《公平是一种实质正义——兼论罗尔斯正义理论的启示》，《哲学分析》2015 年第 6 卷第 5 期。

李文钊：《制度多样性的政治经济学——埃莉诺·奥斯特罗姆的制度理论研究》，《学术界》2016 年第 10 期。

梁变变、石培基、王伟等：《基于 RS 和 GIS 的干旱区内陆河流域生态系统质量综合评价——以石羊河流域为例》，《应用生态学报》2017 年第 28 卷第 1 期。

林年丰、汤洁、王娟等：《松嫩平原西南部的生态安全研究》，《干旱区研究》2007 年第 24 卷第 6 期。

林清、徐中民：《人类活动与石漠化关系的一个简单动力学模拟模型》，《广西师范学院学报》（自然科学版）2003 年第 20 卷第 s1 期。

刘蓓蓓、李凤英、俞钦钦等：《长江三角洲城市间环境公平性研究》，《长江流域资源与环境》2009 年第 18 卷第 12 期。

刘海霞：《环境问题与社会管理体制创新——基于环境政治学的视角》，《生态经济》2013 年第 2 期。

刘欢、左其亭：《基于洛伦茨曲线和基尼系数的郑州市用水结构分析》，《资源科学》2014 年第 36 卷第 10 期。

刘新民、吴佐祺、王宏楼等：《甘肃临泽绿洲北部沙漠化防治的探讨》，《中国沙漠》1982 年第 2 卷第 3 期。

刘毅华、甘明超：《西藏土地沙漠化形成机制的生态足迹分析》，《中国沙漠》2006 年第 3 期。

卢淑华：《城市生态环境问题的社会学研究——本溪市的环境污染与居民的区位分布》，《社会学研究》1994 年第 6 期。

陆文聪、李元龙：《农民工健康权益问题的理论分析：基于环境公平的视角》，《中国人口科学》2009 年第 3 期。

吕力：《论环境公平的经济学内涵及其与环境效率的关系》，《生产力研究》2004 年第 11 期。

罗伊·莫里森、刘仁胜：《生态文明与可持续发展》，《国外理论动态》2015 年第 9 期。

马贤磊、曲福田：《成本效益分析与代际公平：新代际折现思路》，《中国人口·资源与环境》2011 年第 21 卷第 8 期。

马兴旺：《干旱区沙漠化土地治理与保护性耕作》，《新疆农业科学》2004 年第 41 卷第 3 期。

倪国华、郑风田、丁冬等：《绿洲农业、公地悲剧与土地沙漠化——以甘肃民勤县为例》，《西北农林科技大学学报》（社会科学版）2013 年第 13 卷第 3 期。

牛文元：《可持续发展理论内涵的三元素》，《中国科学院院刊》2014 年第 29 卷第 4 期。

牛文元：《中国可持续发展的理论与实践》，《中国科学院院刊》2012 年第 27 卷第 3 期。

彭保华、刘维忠：《新疆沙漠产业与沙漠化治理协同发展中存在的问题及对策建议》，《农村经济与科技》2016 年第 37 卷第 6 期。

齐守征：《社会公平的涵义及理论评述》，《科教导刊》2016 年第 17 期。

齐晔、蔡琴：《可持续发展理论三项进展》，《中国人口·资源与环境》2010 年第 20 卷第 4 期。

乔丽霞、王斌、张琪：《基于基尼系数对中国区域环境公平的研究》，《统计与决策》2016 年第 452 卷第 8 期。

秦颖：《论公共产品的本质——兼论公共产品理论的局限性》，《经济学家》2006 年第 3 卷第 3 期。

尚志海、刘希林：《试论环境灾害的基本概念与主要类型》，《灾害学》2009 年第 24 卷第 3 期。

沈满洪、谢慧明：《公共物品问题及其解决思路——公共物品理论文献综述》，《浙江大学学报》（人文社会科学版）2009 年第 39 卷第 6 期。

宋圭武：《公平及公平与效率关系理论研究》，《社科纵横》2013 年第 6 期。

宋圭武、王渊：《公平、效率及二者关系新探》，《江汉论坛》2005 年第 9 期。

宋国君、金书秦、傅毅明：《基于外部性理论的中国环境管理体制设计》，《中国人口·资源与环境》2008 年第 18 卷第 2 期。

宋志远、欧阳志云、李智琦等：《公平规范与自然资源保护——在卧龙自然保护区的实验》，《生态学报》2009 年第 29 卷第 1 期。

宋志远、欧阳志云、徐卫华：《公平规范与自然资源保护——基于进化博弈的理论模型》，《生态学报》2009 年第 29 卷第 1 期。

孙德祥、钱拴提、周广阔等：《宁夏盐池半荒漠区沙漠化土地综合治理生态工程效益评价》，《水土保持学报》2003 年第 17 卷第 1 期。

孙玉霞：《消费税对污染负外部性的矫正》，《税务研究》2016 年第 6 期。

汤吉军、戚振宇：《行为政治经济学研究进展》，《经济学动态》2017 年第 2 期。

童玉芬、吴彩仙、王渤元：《新疆塔里木河流域人口增长、水资源与沙漠化的关系》，《人口学刊》2006 年第 1 期。

王芳：《环境公平问题与社会管理创新》，《安徽师范大学学报》（人文社会科学版）2012 年第 5 期。

王凤珍：《重建类本位的环境人类中心主义生态伦理学》，《自然辩证法研究》2006 年第 10 期。

王慧：《我国环境税研究的缺陷》，《内蒙古社会科学》2008 年第 28 卷第 4 期。

王金南、逯元堂、周劲松等：《基于 GDP 的中国资源环境基尼系数分析》，《中国环境科学》2006 年第 26 卷第 1 期。

王有利：《浅谈环境公平与效率》，《中国环境管理丛书》2008 年第 4 期。

韦惠兰、王光耀：《沙化区农户家庭总收入结构对家庭生活消费支出的影响分析——基于甘肃 12 县域数据》，《干旱区资源与环境》2017 年第

12 期。

韦惠兰、王光耀：《土地沙化区农民特征与其感知的环境灾害风险的关系分析——基于环境公平视角》，《自然资源学报》2017 年第 32 卷第 7 期。

魏伟、石培基、雷莉等：《基于景观结构和空间统计方法的绿洲区生态风险分析——以石羊河武威、民勤绿洲为例》，《自然资源学报》2014 年第 29 卷第 12 期。

魏兴琥、杨萍、李森等：《西藏沙漠化典型分布区沙漠化过程中的生物生产力和物种多样性变化》，《中国沙漠》2005 年第 5 期。

文同爱、李寅铨：《环境公平、环境效率及其与可持续发展的关系》，《中国人口·资源与环境》2003 年第 13 卷第 4 期。

武翠芳、徐中民：《黑河流域生态足迹空间差异分析》，《干旱区地理》（汉文版）2008 年第 31 卷第 6 期。

武翠芳、姚志春、李玉文等：《环境公平研究进展综述》，《地球科学进展》2009 年第 24 卷第 11 期。

徐桂华、杨定华：《外部性理论的演变与发展》，《社会科学》2004 年第 3 期。

许端阳、佟贺丰、李春蕾等：《耦合自然——人文因素的沙漠化动态系统动力学模型》，《中国沙漠》2015 年第 35 卷第 2 期。

颜双波：《基于熵值法的区域经济增长质量评价》，《统计与决策》2017 年第 21 期。

杨国华、崔彬：《基于耗散结构理论的半干旱区生态建设研究》，《生态经济》2011 年第 6 期。

杨继生、徐娟：《环境收益分配的不公平性及其转移机制》，《经济研究》2016 年第 1 期。

姚洋：《作为一种分配正义原则的帕累托改进》，《学术月刊》2016 年第 10 期。

叶民强、林峰：《区域人口、资源与环境公平性问题的博弈分析》，《上海财经大学学报》2001 年第 3 卷第 5 期。

易波、张莉莉：《论地方环境治理的政府失灵及其矫正：环境公平的视角》，《法学杂志》2011 年第 9 期。

郁建兴、黄亮：《当代中国地方政府创新的动力：基于制度变迁理论的分析框架》，《学术月刊》2017 年第 2 期。

喻登科、陈华、郎益夫：《基尼系数和熵在公平指数测量中的比较》，《统计与决策》2012 年第 3 期。

袁建平：《土壤侵蚀强度分级标准适用性初探》，《水土保持通报》1999 年第 19 卷第 6 期。

袁庆明、袁天睿：《制度、交易费用与消费：基于新制度经济学视角的分析》，《江西财经大学学报》2015 年第 4 期。

张百灵：《外部性理论的环境法应用：前提、反思与展望》，《华中科技大学学报》（社会科学版）2015 年第 2 期。

张长远：《环境公平释义》，《中南工学院院报》1999 年第 13 卷第 3 期。

张海丰：《新制度经济学的理论缺陷及其演化转向的启发式路径》，《学习与实践》2016 年第 9 期。

张晋武、齐守印：《公共物品概念定义的缺陷及其重新建构》，《财政研究》2016 年第 8 期。

张林：《两种新制度经济学：语义区分与理论渊源》，《经济学家》2001 年第 5 卷第 5 期。

张明国：《从线性发展观到系统发展观——"五大发展" 观的 "耗散论" 研究视阈》，《系统科学学报》2017 年第 1 期。

张学斌、石培基、罗君等：《基于景观格局的干旱内陆河流域生态风险分析——以石羊河流域为例》，《自然资源学报》2014 年第 29 卷第 3 期。

张运生：《内生外部性理论研究新进展》，《经济学动态》2012 年第 12 期。

张志强、孙成权：《可持续发展研究：进展与趋向》，《地球科学进展》1999 年第 14 卷第 6 期。

赵海霞、王波、曲福田等：《江苏省不同区域环境公平测度及对策研究》，《南京农业大学学报》2009 年第 32 卷第 3 期。

赵雪雁、刘春芳、王学良等：《干旱区内陆河流域农户生计对生态退化的脆弱性评价——以石羊河中下游为例》，《生态学报》2016 年第 36 卷第

13 期。

赵振芳、张亮：《我国生态功能区可持续发展面临的问题与建议》，《经济纵横》2017 年第 6 期。

钟茂初、闫文娟：《环境公平问题既有研究述评及研究框架思考》，《中国人口·资源与环境》2012 年第 22 卷第 6 期。

周立华、朱艳玲、黄玉邦：《禁牧政策对北方农牧交错区草地沙漠化逆转过程影响的定量评价》，《中国沙漠》2012 年第 32 卷第 2 期。

周兴佳：《新疆绿洲的沙漠化灾害及减灾措施》，《自然灾害学报》1994年第 3 卷第 4 期。

朱富强：《制度经济学研究范式之整体框架思维：主要内容和现实分析》，《人文杂志》2015 年第 10 期。

学位论文

李彩红：《水源地生态保护成本核算与外溢效益评估研究》，博士学位论文，山东农业大学，2014 年。

李奕：《美国环境公正立法探析》，硕士学位论文，湖南师范大学，2006 年。

刘拓：《中国土地沙漠化及其防治策略研究》，博士学位论文，北京林业大学，2005 年。

王玲：《环境效率测度的比较研究》，博士学位论文，重庆大学，2014 年。

文星：《近 2ka 来石羊河流域绿洲化和荒漠化过程》，中国科学院研究生院，2012 年。

闫文娟：《区际间环境不公平问题研究》，博士学位论文，南开大学，2013 年。

杨欢：《试论环境公平与社会公平》，硕士学位论文，成都理工大学，2010 年。

赵兴华：《社会转型期我国制度配置性效率研究》，硕士学位论文，山东大学，2017 年。

赵志勇：《收入差距、偏好差异与环境污染：基于环境不公平视角的经济学分析》，博士学位论文，南开大学，2013 年。

其他

文同爱：《论可持续发展时代的环境公平和环境效率》，中国法学会环境
资源法学研究会年会，2003 年。

外文文献

Achanta A. N. , The climate change agenda：an Indian perspective ［J］. Fuel
& Energy Abstracts，Vol. 36，No. 6，1993.

Adams，J. S. , Toward an understanding of inequity ［J］. Journal of Abnormal
and Social Psychology，Vol. 67，No. 5，1963.

Andrew Dobson，Justice and the Environment：Conceptions of En-vironmental
Sustainability and Theories of Distributive Justice ［M］. Oxford：Oxford U-
niversity Press，1998.

Arne Jacobson，Anita D. Milman，Daniel M. Kammen，Letting the（energy）
Gini out of the bottle：Lorenz curves of cumulative electricity consumption
and Gini coefficients as metrics of energy distribution and equity ［J］. Ener-
gy Policy，Vol. 33，No. 14，2005.

Asch P. , Seneca J. J. , Some Evidence on the Distribution of Air Quality ［J］.
Land Economics，Vol. 54，No. 3，1978.

Babaev A. G. , Desert problems and desertification in Central Asia：the resear-
ches of the Desert Institute. ［M］// Desert problems and desertification in
Central Asia : the researches of the Desert Institute. Springer，1999.

Basu K. , Mitra T. , Aggregating Infinite Utility Streams with Intergenerational
Equity：The Impossibility of Being Paretian ［J］. Econometrica，Vol. 71，
No. 5，2003.

Bert Morrens，Elly Den Hond，Greet Schoeters，et al. , Human biomonitoring
from an environmental justice perspective：supporting study participation of
women of Turkish and Moroccan descent ［J］. , Vol. 16，2017.

Briggs，D. J. , Fecht，Small-area associations between socio-economic status
and environmental exposures in the uk：implications for environmental justice

[J]. Epidemiology, Vol. 16, No. 5, 2005, p. S69.

Brooks N., Sethi R., The Distribution of Pollution: Community Characteristics and Exposure to Air Toxics [J]. Journal of Environmental Economics & Management, Vol. 32, No. 32, 1997.

BRULLE R. J., PELLOW D. N., Environmental justice: human health and environmental inequalities [J]. Annual Review of Public Health, No. 27, 2006.

Bryant B. I., Environmental justice : issues, policies, and solutions [M]. Island Press, 1995.

Buchanan J. M., Externality [J]. Economica, Vol. 29, No. 116, 1962.

Bullard R. D., Solid waste sites and the black Houston community [J]. Sociological Inquiry, Vol. 53, No. 2 – 3, 1983.

Bullard R. D., Waste and racism: A stacked deck [J]. Forum for Applied Research & Public Policy, Vol. 8, 1993.

Chakraborty J., Evaluating the environmental justice impacts of transportation improvement projects in the US [J]. Transportation Research Part D Transport & Environment, Vol. 11, No. 5, 2006.

Copeland B. R., Taylor M. S., North-South Trade and the Environment [J]. Quarterly Journal of Economics, Vol. 109, No. 3, 1994.

Daafouz J., Riedinger P., Iung C., Stability analysis and control synthesis for switched systems: a switched Lyapunov function approach [J]. IEEE Transactions on Automatic Control, Vol. 47, No. 11, 2002.

Dawes C. T., Fowler J. H., Johnson T., et al., Egalitarian motives in humans. [J]. Nature, Vol. 446, No. 7137, 2007.

Dobson A., Justice and the Environment: Conceptions of Environmental Sustainability and Theories of Distributive Justice [M]. Oxford University Press, 2002.

Druckman A., Jackson T., Measuring resource inequalities: The concepts and methodology for an area-based Gini coefficient [J]. Ecological Economics, Vol. 65, No. 2, 2008.

Eckerd A. , Kim Y. , Campbell H. E. , Community Privilege and Environmental Justice: An Agent-Based Analysis [J]. Review of Policy Research, 2016.

Fernandez E. , Saini R. P. , Devadas V. , Relative inequality in energy resource consumption: a case of Kanvashram village, Pauri Garhwal district, Uttranchall (India) [J]. Renewable Energy, Vol. 30, No. 5, 2005.

Gemmill G. , Smith C. , A dissipative structure model of organization transformation [J]. Human Relations, Vol. 38, No. 8, 1985.

Germain M. , Optimal Versus Sustainable Degrowth Policies [J]. Ecological Economics, Vol. 136, 2017.

Gray W. B. , Shadbegian R. J. , "Optimal" pollution abatement—whose benefits matter, and how much? [J]. Journal of Environmental Economics & Management, Vol. 47, No. 3, 2004.

Hamilton J. T. , Testing for environmental racism: Prejudice, profits, political power? [J]. Journal of Policy Analysis and Management, Vol. 14, No. 1, 1995.

Hartley T. W. , Environmental Justice – an Environmental Civil-Rights Value Acceptable to All World Views [J]. Dissertations & Theses – Gradworks, Vol. 17, No. 3, 1995.

Hicks J. R. , The Foundations of Welfare Economics [J]. Economic Journal, Vol. 49, No. 196, 1939.

Higginbotham N. , Freeman S. , Connor L. , et al. , Environmental injustice and air pollution in coal affected communities, Hunter Valley, Australia [J]. Health & Place, Vol. 16, No. 2, 2010.

Hoberg N. , Baumgärtner S. , Irreversibility and uncertainty cause an intergenerational equity-efficiency trade-off [J]. Ecological Economics, Vol. 131, 2017.

Ikeme J. , Equity, environmental justice and sustainability: incomplete approaches in climate change politics [J]. Global Environmental Change, Vol. 13, No. 3, 2003.

Jacobson A. , Milman A. D. , Kammen D. M. , Letting the （energy） Gini out of the bottle： Lorenz curves of cumulative electricity consumption and Gini coefficients as metrics of energy distribution and equity ［J］. Energy Policy, Vol. 33, No. 14, 2005.

Kaiser H. F. , Rice J. , Little Jiffy, Mark IV. ［J］. Journal of Educational & Psychological Measurement, Vol. 34, No. 1, 1974.

Katz E. , Peter Wenz, Environmental Justice ［J］. Environmental Ethics, Vol. 11, No. 3, 1989.

Lucie Laurian, Environmental Injustice in France ［J］. Journal of Environmental Planning and Management, Vol. 51, No. 1, 2008.

Mohai P. , Saha R. , Racial Inequality in the Distribution of Hazardous Waste： A National-Level Reassessment ［J］. Social Problems, Vol. 54, No. 3, 2007.

Morello-Frosch R. , Jesdale B. M. , Separate and unequal： residential segregation and estimated cancer risks associated with ambient air toxics in U. S. metropolitan areas. ［J］. Environmental Health Perspectives, Vol. 114, No. 3, 2006.

Padilla E. , Intergenerational equity and sustainability ［J］. Ecological Economics, Vol. 41, No. 1, 2002.

Padilla E. , Serrano A. , Inequality in CO emissions across countries and its relationship with income inequality： A distributive approach ［J］. Energy Policy, Vol. 34, No. 14, 2006.

Page T. , Conservation and Economic Efficiency： An Approach to Material Policy ［M］. Baltimore, Maryland： The Johns Hepkin University Press, 1977.

Payne D. G. , Newman R. S. , United Church of Christ Commission for Racial Justice ［M］ // The Palgrave Environmental Reader. Palgrave Macmillan US, 2005.

Pearce D. W. , Capital Theory and the Measurement of Sustainable Development： An Indicator of "Weak" Sustainability ［J］. Ecological Economics, Vol. 8, No. 2, 1993.

Perlin S. A. , Sexton K. , Wong D. W. , An examination of race and poverty for populations living near industrial sources of air pollution [J]. J Expo Anal Environ Epidemiol, Vol. 9, No. 1, 1999.

Piacquadio P. G. , Intergenerational egalitarianism [J]. Journal of Economic Theory, Vol. 153, No. 2, 2014.

Prigogine, Structure, Dissipation and Life [A]. In Theoretical Physics and Biology. Ed. M. Marius. Versailles. North Holland Publishing, Amsterdam, 1969.

Rabin M. , Incorporating Fairness into Game Theory and Economics [J]. American Economic Review, Vol. 83, No. 5, 1993.

REESE G. , JACOB L. , Principles of environmental justice and pro-environmental action: A two-step process model of moral anger and responsibility to act [J]. Environmental Science & Policy, No. 51, 2015.

Reynolds JF; Smith DM; Lambin EF; Turner BL 2nd; Mortimore M; Batterbury SP; Downing TE; Dowlatabadi H; Fernández RJ; Herrick JE; Huber-Sannwald E; Jiang H; Leemans R; Lynam T; Maestre FT; Ayarza M; Walker B. , Global Desertification: Building a Science for Dryland Development [J]. Science, Vol. 316, No. 5826, 2007.

R. Koenker, KF Hallock, Quantile Regression: An Introduction [J]. Journal of Economic Perspectives, Vol. 101, No. 475, 2000.

ROWANGOULD G. M. , A census of the US near-roadway population: Public health and environmental justice considerations [J]. Transportation Research Part D: Transport and Environment, Vol. 25, 2013.

Ruttan Lore M. , Economic Heterogeneity and the Commons: Effects on Collective Action and Collective Goods Provisioning [J]. World Development, Vol. 36, No. 5, 2008.

Ruttan Lore M. , Sociocultural Heterogeneity and the Commons [J]. Current Anthropology, Vol. 47, No. 5, 2006.

Saboohi Y. , An evaluation of the impact of reducing energy subsidies on living expenses of households [J]. Energy Policy, Vol. 29, No. 3, 2001.

Sakai T. , Intergenerational equity and an explicit construction of welfare criteria [J]. Social Choice & Welfare, Vol. 35, No. 3, 2010.

Scandrett E. , Dunion K. , Mcbride G. , The Campaign for Environmental Justice in Scotland [J]. Local Environment, Vol. 5, No. 4, 2000.

Segel L. A. , Jackson J. L. , Dissipative structure: An explanation and an ecological example [J]. Journal of Theoretical Biology, Vol. 37, No. 3, 1972.

Stavins R. N. , Wagner A. F. , Wagner G. , Interpreting sustainability in economic terms: dynamic efficiency plus intergenerational equity [J]. Economics Letters, Vol. 79, No. 3, 2004.

Stretesky P. , Hogan M. J. , Environmental justice: An analysis of Superfund sites in Florida. [J]. Social Problems, Vol. 45, No. 2, 1998.

Tol R. S. J. , Downing T. E. , Kuik O. J. , et al. , Distributional aspects of climate change impacts [J]. Global Environmental Change, Vol. 14, No. 3, 2004.

Tucker C. J. , Newcomb W. W. , Expansion and contraction of the sahara desert from 1980 to 1990. [J]. Science, Vol. 253, No. 5017, 1991.

Weiss E. B. , The Planetary Trust: Conservation and Intergenerational Equity [J]. Ecology Law Quarterly, Vol. 11, No. 4, 1984.

Weyant J. P. , Portney P. R. , Discounting and Intergenerational Equity [M]. 1999.

White T. , Diet and the distribution of environmental impact. [J]. Ecological Economics, Vol. 34, No. 1, 2000.

White T. J. , Sharing resources: The global distribution of the Ecological Footprint [J]. Ecological Economics, Vol. 64, No. 2, 2007.

Zame W. R. , Can intergenerational equity be operationalized? [J]. Vol. 2, No. 2, 2007.

附　　录

附录1　项目区农户调查问卷

1. 问卷编号：⌈_____｜_____｜_____｜_____｜_____⌉

2. 样本序号：⌈_____｜_____｜_____｜_____｜_____⌉

3. 采访地点：

市名称：　　　　　县/区名称：　　　　　乡/镇：

社区名称：

4. 受访者是否是答话人：（1）是　　（2）不是

请记录当前时间：⌈___｜___⌉月⌈___｜___⌉日⌈___｜___⌉时⌈___｜___⌉分

所在社区的地理坐标：

A 部分：基本情况

A1. 您的家庭总人口_____人，其中，劳动力人口____人，未成年____人（其中，在读学生____人）。请根据年龄大小告诉我们您家里每一个人的称呼（与被访者的关系）。

注意！不要包括已经和您分家的成员。

家庭成员序号	该成员与您的关系	性别及年龄 A 男 b 女	2. 健康状况 1. 很不健康 2. 比较不健康 3. 一般 4. 比较健康 5. 很健康	3. 受教育程度 1. 未上学 2. 小学 3. 初中 4. 高中 5. 高职 6. 大专及以上	4. 目前是否与您同吃同住? 1. 吃住都在一起 2. 住在一起,但吃不在一起 3. 吃在一起,但不住在一起 4. 吃住都不在一起	5. 经济上是否与您独立? 1. 是 2. 否	6. 婚姻状况 1. 未婚 2. 已婚 3. 离婚 4. 丧偶
1							
2							
3							
4							
5							
6							
7							
8							
9							
10							

A2. 性别【访问员记录】：□男　□女

A3. 您的年龄：＿＿＿＿＿＿岁

A4. 您的职业：

□农民　□个体户　□服务业人员　□私企工人　□私企业经营者

□国企员工　□军人　□事业单位人员　□政府公务员　□其他

A5.　您的宗教信仰：

□不信仰宗教

□信仰宗教，请注明：＿＿＿＿＿＿＿＿＿＿＿＿＿＿＿＿＿＿＿＿

A6－1.　您的婚姻状况：

□未婚　□已婚　□离婚　□丧偶

A6－2.——如果您选择"已婚"，那么您（男性）妻子或者您（女性）本人娘家所在地是：

□本村　□本乡　□本县　□本省　□外省

A7. 您的受教育状况：

□未受过教育　□小学　□初中　□高中　□高职　□大专及以上

A8. 您目前的政治面貌是：

□共产党员，入党时间：〔＿＿＿｜＿＿＿｜＿＿＿｜＿＿＿〕年

□民主党派　□共青团员　□群众

A9. 您的家庭住房面积：〔＿＿＿｜＿＿＿｜＿＿＿｜＿＿＿〕平方米，有间房子，建于＿＿＿年，属于哪种材质结构？

□钢结构　□砖混结构　□钢筋混凝土结构　□砖木结构

□土木结构　□其他结构

A10. 您个人的收入有哪些？

营业收入＿＿＿＿元，种地收入＿＿＿＿元，养殖收入＿＿＿＿元，

打工收入＿＿＿＿元，从沙漠中直接获得的收入＿＿＿＿元，其他收入＿＿＿＿元。

A11. 您觉得您目前的身体健康状况是：

□很不健康　□比较不健康　□一般　□比较健康　□很健康

A12. 您目前的户口登记状况是：

□农业户口　□非农业户口　□军籍　□没有户口

□其他（请注明：_____）

A13. 您的出生地是：

□本村　□本乡　□本县　□本省　□外省

A14. 您是否有兼职工作：

□是　□否

A15. 离您家最近的公路距离：

□不足 1 千米　□1—3 千米　□3—5 千米　□5—10 千米

□10 千米以上

A16. 您日常使用媒体的情况：

	很少	有时	经常	非常频繁
1. 报纸				
2. 杂志				
3. 广播				
4. 电视				
5. 互联网（包括手机上网）				
6. 手机定制消息				

A17. 请问您与亲朋好友、街坊四邻交往的频度是：

□几乎每天　□一周 1—2 次　□一个月几次　□一年几次

□从来不

A18. 您家的主要经济来源有哪些，各收入多少元？

类别	金额（元）	类别	金额（元）
田地间经济作物		畜牧业生产	
个体经营及创业		打工	
财产性收入（利息、租金、专利收入、红利收入等）		财政转移支付（各类补贴等）	
参与生态工程建设获得的酬金		其他（　）	

A19. 您家去年消费支出情况：

类别	金额（元）	类别	金额（元）
食品		衣服	
教育		医疗	
出行		人情（婚丧、嫁娶）	
生活用水	方， 元	生活用电	
购买家电		购买其他日常用品	
文化娱乐		其他（ ）	

A20. 您家去年生产支出情况：

类别	金额（元）	类别	金额（元）
化肥	斤， 元	生产用水	方， 元
农用机械		农药	瓶， 元
种子		购买牲畜	
购买饲料		兽医	
其他（ ）		其他（ ）	

A21. 您小时候父辈们的生活来源（多选）：

□种田 □放牧（养殖）□务工 □沙产业 □做生意 □其他

A22. 您的爷爷奶奶曾经的生活来源（多选）：

□种田 □放牧（养殖）□务工 □沙产业 □做生意 □其他

A23. 家庭生产工具有哪些？（多选）

□播种机 □脱杨机 □锄草粉碎机 □犁铧 □旋耕机

□拖拉机 □三轮车 □小汽车 □货车 □其他（ ）

A24. 家庭能源结构

类型	用量和花费		来源
□电	（□年或□月） 度 元		
□煤	（□年或□月） 吨 元		
□木柴	（□年或□月） 斤 元		
□牛粪	（□年或□月）		
□秸秆	（□年或□月）		

续表

类型	用量和花费	来源
□沙生植物	（□年或□月）	
□太阳能	（□年或□月）	
□天然气	（□年或□月）　　方　　元	
□沼气	（□年或□月）元	
□其他	（□年或□月）元	

A25. 您家离最近的医院（或诊所）距离，离您家最近的公路距离：

□不足 1 千米　□1—3 千米　□3—5 千米　□5 千米以上

A26. 您的医保类型：

□没有　□合作医疗　□大病医疗保险　□商业保险　□公费医疗
□其他社会医疗保险

A27. 您所在的村庄有人口_____人，耕地_____亩。

A28. 您家承包的土地总共有_____亩，

其中，水浇地_____亩，沙土地_____亩，果园_____亩，水产养殖_____亩，去年您家耕地受灾面积___亩，家庭因此少收入___元。

种植的庄稼以及产量大约有多少？

项目	总产量（斤）	买（斤）	卖（斤）	项目	总产量（斤）	买（斤）	卖（斤）
小麦				葡萄			
玉米				蔬菜类			
土豆				药材类			
棉花				水果类			
油菜				瓜类			
木材							

A29. 养殖以及动物类产品生产消费量大约为多少？

项目	总产量（斤）	买（斤）	卖（斤）	项目	总产量（斤）	买（斤）	卖（斤）
猪肉				鸡蛋			
羊肉				牛奶			

续表

项目	总产量（斤）	买（斤）	卖（斤）	项目	总产量（斤）	买（斤）	卖（斤）
牛肉				羊毛			
鸡肉				蜂蜜			
鱼肉							

A30. 五年以前的地下水位是＿米？今年地下水位是＿米？

B 部分：社会资源与环境公平

B1. 您认为是否公平的享受生态环境资源？

□很公平　□比较公平　□不太公平　□很不公平　□不知道

B2. 以下状况您的评价如何？

	非常满意	比较满意	一般	不太满意	很不满意	不知道	不想说
生活环境							
生产环境							
家庭收入							
党和政府农村、农民政策							
社会经济发展状况							

B3. 您是否具有较高的积极性参加土地沙漠化防治工作？

□较高　□有积极性　□无所谓　□看补助力度

B4. 当您遇见损坏环境设施或者破坏环境行为时，您会（　　　　）

□想办法制止　□向相关部门反映　□事不关己

B5. 您是否担心周边环境会朝向不好的趋势演化？

□非常担心，并且想为环保做自己力所能及的事

□担心，但是没有办法

□不担心

□无所谓

B6. 您幸福吗？

□非常幸福　□比较幸福　□一般　□不太幸福　□很不幸福
□不知道　□不想说

B7. 过去的一年您或家人是否受到环境灾害的影响？

□是　□否

B8. 您所在社区的环境状况

	很严重	比较严重	不太严重	不严重	一般	不清楚	没有该问题
空气污染							
水污染							
噪声污染							
工业垃圾污染							
生活垃圾污染							
绿地不足							
森林植被破坏							
耕地质量退化							
淡水资源短缺							
食品污染							
荒漠化							
野生动植物减少							

B9. 您认为目前我国社会成员之间的收入差距如何？

□合理，可以接受　□不合理，但可以接受

□不合理，不可以接受　□说不清

B10. 请问您在的社区治安状况？

□非常安全　□比较安全　□不太安全　□很不安全　□不知道
□不想说

B11. 您是否愿意移民搬迁（　　　）

□是

原因：□更好的生活环境　□后代的发展

□更多的发展或挣钱机会　□其他　□否

原因：□这儿生活很好　□习惯了这里　□风险或不确定因素多

□其他

B12. 您认为您家的邻里关系怎么样？

□非常融洽　□融洽　□一般　□不太融洽　□非常不融洽

B13. 当地通过工程治理之后，沙漠化问题怎么样？

□大有好转　□一般　□没有好转　□更加严重

B14. 您觉得自己说普通话的能力是什么水平？

□完全不能说　□比较差　□一般　□比较好　□很好

B15. 与三年前相比，您的社会经济地位是：

□上升了　□差不多　□下降了　□不好说

B16. 您认为本村当前面临的环境问题是（　　　）

□水污染　□大气污染　□植被污染　□垃圾污染　□其他

B17. 您认为谁是治理环境的主体（　　　）

□政府　□村委　□村民自己　□三者都要

B18. 您觉得土地沙漠化的灾害有哪些？

□大风　□沙尘暴　□干热风　□干旱　□霜冻　□冰雹　□其他

B19. 您认为未来周边环境演变如何？

□生态环境会得到恢复　□绿洲消亡　□不好说，要看治理的具体措施　□没想过

B20. 您所在的社区是否有公共文化娱乐设施？

□是　□否

B21. 若有，有哪些公共文化娱乐设施？

□乡村图书馆　□乡村文化广场　□乡村电影放映室　□其他

B22. 您是否支持国家建设生态工程？

□是　□否

B23. 您是否了解沙化土地封禁保护区建设工程？

□非常了解　□听说过　□不太了解

B24.　政府或者村委会每年组织几次土地沙漠化防治相关活动？

B25.　您参加过防沙治沙义务集体劳动吗？

□经常参加　□偶尔参加　□组织不好，没去　□从来没有

B26.　您认为您知道的生态建设工程达到了生态治理效果吗？

□取得了良好的治理效果 □有治理效果但未达到预期
□没有任何治理效果 □不清楚

C 部分：可持续发展及生态安全

C1. 您所在的社区在哪些资源上欠缺？（多选）

□水 □电 □燃料 □可耕土地绿化面积

□交通等基础设施 □文化娱乐场所

□医疗资源 □教育资源 □其他

C2. 您认为哪个更重要？

□保护沙漠 □发展地方经济 □两者同样重要

C3. 政府或者村委会是否组织过防沙治沙活动。每年会有____次。

C4. 您参加过集体的植树种草活动吗？

□经常参加 □偶尔参加 □从来没有 □组织不好，没去

C5. 参与以上防沙治沙工程对您家有哪些不利影响？

□经济负担（人力物力投入） □没有影响 □其他影响

C6. 您认为治理土地沙漠化问题应该从以下哪些方面入手？（多选）

□宣传教育 □国家政策 □资金投入 □技术手段 □其他

C7. 政府是否重视土地沙漠化防治？

□很重视 □一般 □还应加大力度 □不太重视

C8. 您认为农村环境问题（土地沙化、污染、灾害天气等）的危害有哪些？（可多选）

□危害农村人口身体健康 □没有什么严重危害

□造成农产品质量下降 □影响农村经济发展

C9. 您认为哪些环境保护措施有利于改善生态环境（可多选）

□植树造林和森林保护 □节约能源 □发展绿色能源

□加强生态环境保护立法 □提高用水安全和效率

C10. 您认为当地人的环保意识怎样？

□高 □一般 □低

C11. 您认为保护环境的主要目的是：

□与动植物和谐相处 □改善人类生存环境，满足发展需要

□为了子孙后代的发展　□其他

C12. 最近 3 年，您家的耕地面积是否因为土地沙漠化而受损失？

　　□有＿＿亩　□没有

C13. 最近 5 年，下面的一些情况都发生了哪些变化？

项目 ＼ 变化趋势	减少许多	减少一些	没变化	增加一些	增加许多	不知道
沙尘暴发生频率						
与去年相比沙尘暴发生的次数						
沙化土地						
沙漠植被变化						
植被覆盖度						
河流水量						
沙洲侵蚀绿洲						
家附近绿洲面积						

C14. 通过这些工程治理中发生哪些变化？

项目 ＼ 变化趋势	增加许多	增加一些	没变化	减少一些	减少许多
可利用土地面积					
家庭收入渠道					
沙尘暴频率					
植被盖度					
清沙费用					
出行					
身体健康					
其他					

C15. 您家的用水及水源情况？

生活用水（如：饮用）	生产用水（如：浇地）

| 来源 | □井水　□渠水　□其他 | 来源 | □井水　□渠水　□水库 |
| | | | □河流　□其他 |

续表

生活用水（如：饮用）	生产用水（如：浇地）	
	近几年，土地沙漠化对水库、水源侵蚀情况如何？	□很严重　□严重　□一般
		□不严重　□不知道

C16. 您是否了解生态补偿？

□非常了解　□较了解　□一般　□不太清楚　□一无所知

C17. 您是否希望得到生态补偿？

□非常希望　□有点希望　□无所谓　□完全不希望

C18 - 1. 您现在是否得到生态补偿？

□是　□否

C18 - 2. 若选择是，您通过以下哪些生态工程获得的生态补偿？

□天然林保护工程　□退耕还林工程　□封禁保护区建设工程
□其他

C18 - 3. 若选择是，生态补偿金为_____元/年。

C19 - 1. 您渴望得到的补偿水平是：

□满足个人基本生活需要　□与付出的对等　□其他水平

C19 - 2. 您认为您的家庭应该得到的生态补偿是：____元/年。

C20. 如果未来需要您拿出一部分钱作为生态建设的资金，每年你愿意拿出多少钱？

_____元

附录2　林业部门调查问卷

问卷编码_____　填表时间_____

省（自治区）_____市_____县_____乡（镇）_____村（队）

被访问者姓名＿＿＿＿＿＿ 联系电话＿＿＿＿＿＿＿＿

访问员姓名＿＿＿＿＿＿ 联系电话＿＿＿＿＿＿＿＿

第一部分 基本信息

1. 性别：

□男 □女

2. 您的年龄：＿＿＿＿岁

3. 您的民族：

□汉族 □回族 □裕固族 □维吾尔族 □哈沙克族 □其他＿＿＿

4. 您的婚姻状况：

□未婚 □已婚 □离婚 □丧偶 □其他＿＿＿＿＿＿＿＿＿＿＿

5. 您的受教育状况：

□未受过教育 □小学 □初中 □高中 □高职 □大专及以上

6. 您的职业：＿＿＿＿＿

第二部分 人对沙漠的认识情况

1. 您家距离最近的沙漠地带＿＿＿＿ 千米。

2. 近年来，您家附近的绿洲面积变化情况如何？

□增加许多 □增加一些 □没变化 □减少一些 □减少许多
□不知道

3. 您认为，沙漠中的绿洲对阻挡沙漠化扩大的作用如何？

□作用很强 □作用不明显 □作用减弱 □不知道

4. 近年来，当地沙尘暴平均每年发生次数是？

□增加很多 □增加一些 □没变 □减少一些 □减少很多
□不清楚

5. 今年，当地沙尘暴的强度如何？

□很强 □一般 □较弱

6. 您知道哪些沙漠景观？

□流动沙丘 □固定沙丘 □半固定沙丘 □风蚀残丘 □戈壁
□其他

7. 近年来，您家或村周围的固定沙丘、半固定沙丘、流动沙丘等的面积是？

□增加很多 □增加了一些 □没变 □减少了一些

□减少了很多 □不清楚

8. 近年来，您认为您家或村周围的固定沙丘、半固定沙丘、流动沙丘的推进速度如何？

□加快很多 □加快一点 □没变 □变慢一点 □变慢很多

□不清楚

9. 您知道沙漠里面都有哪些植物？

□梭梭草 □沙柳 □白刺 □鹿角草 □黑果枸杞 □罗布麻

□骆驼刺 □沙拐枣 □胡杨 □霸王草 □红砂草 □盐爪爪

□花花柴 □珍珠草 □锁阳 □沙葱 □泡泡刺 □针茅

□绵刺 □沙蓬 □沙米 □芦草 □冰草 □苦豆子 □其他

10. 这些植被的分布情况如何？

□块状分布 □零星分布 □集中连片分布 □其他

11. 近年来，您所知道的这些沙漠植被的变化情况如何？

□增加许多 □增加一些 □没变 □减少一些 □减少许多

□不知道

12. 近年来，您家或村周边沙漠中植被覆盖怎么样？

□增加很多 □增加一些 □没变 □减少一些 □减少很多

□不知道

13. 您家或村附近有没有水源？

□有 □没有

14. 每年流沙或沙丘对附近河流、水库的侵蚀程度如何？主要体现在＿＿＿＿＿＿＿

□很严重 □严重 □一般 □不严重 □不知道

15. 您觉得沙漠灾害有哪些？

□沙尘暴 □干热风 □干旱 □霜冻 □冰雹 □其他

16. 沙漠区域内人类活动都有哪些？

□工矿 □采砂或取土 □垦荒 □放牧 □樵采 □挖草药

□其他

17. 您有没有想过该地区将来会变成什么样子？

□生态环境会得到恢复　□绿洲消亡

□不好说，要看治理的具体措施　□没想过

18. 封禁保护区项目实施以来，有没有做过宣传教育活动？

□有　□没有

如果有做了几次？

□1—2 次　□3—5 次　□5 次以上　□不知道

是哪种形式的宣传教育活动？

□传统介质　□电子屏　□新闻媒体　□其他（请注明）_____

19. 上级领导对封禁保护项目重视吗？

□很重视　□一般　□还应加大重视　□不重视

什么形式的重视？（可多选）

□领导认识统一　□制定了项目规划　□给了专门的编制

□成立了机构　□参观学习　□其他（请注明）_____

20. 您觉得实施封禁项目有没有阻力？

□有　□没有

如果有是哪些阻力？

□发展与封禁有矛盾　□后续经费没有保障　□工程技术难度大

□项目成本高　□资金支持力度不够大　□人员配备不足

□督察进度与质量　□会议专题研究

其他（请注明）_____

21. 您觉得封禁项目有必要吗？

□很有必要　□没有必要

您这样选的原因是_____

22. 项目是严格按照批准的方案实施的吗？

□严格按照　□是，但是局部有调整　□不是　□不知道

附录3　甘肃省沙化土地封禁保护区考察提要及访谈录音整理报告

1. 前言

考察目的：探讨项目本身及实施过程中遇到的困难、问题及解决思路与措施，取得了哪些成功的经验等，期冀对甘肃省封禁保护区作出科学的社会经济效益评估，并在封禁保护区效益、政策、管护模式、生态修复、生态效率影响因素等方面作出先进的科学成果。

考察时间：2015年9月20—26日；10月11—13日

考察范围：根据考察路线安排，先后对景泰县、古浪县、凉州区、金川区、玉门市、敦煌市、临泽县、民乐县、环县9县林业局、沙化土地封禁保护区现场、保护区管护点进行了考察。本报告录音整理顺序与考察先后顺序一致。

考察方式：田野调查、深入访谈

参与人员：韦惠兰教授

　　　　　王光耀（博士研究生）、周夏伟（博士研究生）、

　　　　　艾　力（硕士研究生）、杨新宇（硕士研究生）、

　　　　　贾　哲（硕士研究生）

访谈提纲：

（1）基本情况

①封禁保护区的总面积，各种地形的总面积，沙漠和植被覆盖情况。

②封禁保护区建设的专兼职人员结构、片区数和巡护组数。

③封禁保护区内重要动植物的基本情况。

④封禁保护区周围的村镇数和人口数，农业状况。

⑤封禁保护区周围的资源状况与生态环境。

⑥封禁保护区选址依据的自然地理状况。

（2）实施情况

①封禁保护区建设计划完成度指标状况。

②封禁保护区建设过程中，周边社区居民的经济利益是否受到损失，

程度如何？

③周边村民对封禁保护区存在哪些潜在威胁？

④项目实施过程中及未来建设中农民能否从中得到直接效益，经济方面的、生态方面的？

⑤封禁保护区主要有哪些内外部生态治理方式？效果如何？

⑥封禁保护区有无外部经济治理方式？效果如何？

⑦实际治理中，各项工程措施的实施难度如何？遇到过哪些困难？采取哪些措施克服困难？

⑧封禁保护区建立之前，哪些乡镇受到恶劣生态环境影响？有何影响？随着保护区的建设这些影响是否可以得到改善？

（3）综合效益分析

①封禁保护项目实施后对生态价值方面有哪些预期的改善和提高？

②封禁保护项目实施后经济效益方面的分析（包括生物多样性、植被的覆盖度、外部的经济效益等）。

③封禁保护项目实施后经社会益方面的分析（包括健康效益、社会文明进步效益等）。

（4）未来的规划

①封禁保护项目长远发展还需要做哪些改善和提高？

②封禁保护项目建设计划完成之后如何保证项目的延续性和有效性？

③封禁保护项目未来的预期目标有哪些？

④封禁保护项目建设过程中，哪些措施是因地制宜，具有本县特色的？取得过哪些好的经验？

2. 考察综述

考察组一行三人，于2015年9月20—26日、10月11—13日分两次对甘肃省沙化土地封禁保护区建设涉及的9个县作了田野调查，按照先后顺序分别是景泰县、古浪县、凉州区、金川区、玉门市、敦煌市、临泽县、民乐县、环县等，其中敦煌市、临泽县、民乐县是甘肃省沙化土地封禁保护建设一期涉及的县域，其余的6个县是二期建设涉及的县域。

总的来说，9个县市的封禁保护区建设由于地理环境、生态状况、进展速度的快慢、涉及的村落人口的不同，而具有各自的特征。封禁保护区一期工程的 3 个县市项目实施已经有一年多的时间，所以遇到的问题、取得的经验更具体、更深刻。二期工程涉及的 6 个县市，在工程进展方面各不一致，除个别县市外，基本上已完成了管护点主体房屋、护栏、界碑等工程的建设。

各自具有的特点，在考察中通过深入访谈和观察可以初步得到一些各个县市项目运行具有的特色。景泰县项目执行过程中严格按照实施方案开展，这样做一方面能够保证项目顺利完成；另一方面在一定程度上限制了对如何探索属于自己的封禁保护措施的积极性。保护区大部分建设都在山上，保护区周边与宁夏以及内蒙古交界，山脚下零落分布的村落与保护区交错分布，这增加了保护区巡护工作的难度。古浪县工作进展正常，该县在探索保护区人工干预方面取得了一些独特的经验。比如，一棵树、一把草的做法，具体来讲就是在迎风处安放一把草，用于遮挡防沙，在草的旁边，挡风处栽植一到两棵树苗，这样能提高成活率，降低栽植成本。凉州区封禁保护区建设完成进度略显缓慢，但是，工作态度端正，该县在生态建设方面制定了一套很严格制度。譬如把生态文明建设纳入到领导的政绩考核之中，以利于推进包括封禁保护项目在内的生态工程的建设，同时与老百姓签订"五禁"保证书，以司法手段作保障。金川区的沙化土地封禁保护区主要建在戈壁滩上，一小部分建在山上，金安高速横穿保护区，在地理环境上有其独特性。为了保障封禁保护的巡护效果，还建立了巡护员相互监督与督促机制，调动巡护员的积极性。玉门市一年四季经常刮风，项目实施区风沙特别大，封禁保护区的道路经常被沙子淹没，在调动巡护人员积极性方面做了一些探索。比如，给巡护人员缴纳五险一金，以调动巡护人员的主人翁意识，更积极的参与保护区的管护工作。敦煌市位于河西走廊的最西端，旅游服务业是全市的经济支柱之一，封禁保护区与鸣沙山风景区以及莫高窟风景区存在大面积的重叠，所以在建设保护区的时候注重建立一个有效的沟通协调机制，并加强保护区管理委员会建设，由副市长挂帅，林业局一把手任管委会办公室主任，理顺关系，使得工作运转流畅。临泽县项目区各项工作规范到位，能够把保护区建设工作各个规定动作做得规范、到位。譬如保护区管护站建设合理标准，制度上墙，项目在预算的过程中，能把很多因素考虑进去，包括巡护人员的长期（7 年）工资，道路建设的维修费等。民乐县在宣传方面有一些突出的特色，除条幅、界碑、宣传牌之外，做了多种形式的宣传，譬如把封禁保护的标语、政策印在扑克上、围裙上、书包上、门帘上等与群众日常生活息息相关的事物上，有利于扩大宣传范围，强化宣传效果。环县保护区建设在山上，分布不很规则，在保护区植树造林方面，采取渐进式的深层治理方式，具体方法就是乔灌结合实验栽植树苗，逐步提高种植树种的品质与层次，在宣传方面，准备印一些日历，把封禁保护的政策、好处、标语印到日历上，渐进式引导群众认可封禁保护政策。

存在的共同问题：

第一，在制度方面，存在保护区管护法律法规不健全，对于牲畜啃食保护区植被、破坏保护区基础设施等的行为，因为无法可依，无法进行有效处罚；

第二，随着公车改革的逐步推进，保护区需要购买的巡护工具（尤其是皮卡车）无法取得购买指标，导致巡护工具不能及时到位，影响了管护人员对保护区的巡护与管理；

第三，巡护人员的工资大多数在方案中只做了一年的预算，而保护区需要运转 7 年之久，所以，管护人员的长期工资得不到保障；

第四，保护区管护站多建在远离社区与集镇的地方，巡护人员的衣食住行不方便；

第五，一定程度上存在保护区建设用地与农民放牧、与发展地方经济用地相矛盾的地方；

第六，保护区的围栏、铁丝网存在损坏的情况。

取得的共同经验：

第一，管护人员本着就近招聘的原则，有利于巡护过程中与村民的沟通，便于管护；

第二，中标单位在施工过程中就近招募村民施工，使群众获得一些直接的收益，有利于获得保护区周边村民对保护区的认可；

第三，通过对巡护人员包干到片，建立巡护人员相互监督机制，给巡护人员缴纳五险一金等措施，调动巡护人员的主人翁意识，更积极地参与保护区的管护工作；

第四，村规民约、村民的自发组织在保护区管护中能起到很好的管护作用；

第五，在人工干预方面，不宜采取大范围内的人工干预与修复工作，可以划出若干小范围试验区做实验，主要是植树、设置沙障等；

第六，解决管护工作的关键宜疏不宜堵，为保护区周边的村民寻找到替代生计，使农户对沙化土地的资源依赖度降低，自然而然就能解决管护问题；

第七，为了保护区内的动物饮水方便，适当的时候放开一个口子，为动物们出入饮水提供方便；

第八，保护区基础设施建设与管护均由招标单位负责，林业局负责监督与验收，有利于项目建设工作顺利开展。

在考察中，也遇到一些值得进一步探讨的问题：

第一，如果封禁区选在人迹罕至的地方，是否还需要建设围栏等设施，或者我们在选择封禁区的时候是否考虑一下人类活动对该地区的影响问题，如果该地区既没有植被和药材值得采挖，离最近的居民距离又很远，是否还有设置护栏的必要？

第二，7年之后封禁保护区解封之后，该采取何种方式对其进行管护？如何避免生态环境再次恶化？

第三，为保护区周边的农户找到替代生计，比单纯加强对保护区的巡防管护更有效，但是，找到替代生计并不是一件很容易的事情，并且并不是所有的林业局都对这方面有足够认识，采取过切实行动。

第四，封禁保护区建设是通过自然修复为主，人工修复为辅的生态恢复方式，使其恢复到理想状态，即达到生态演进顶峰，但这又是一个很虚的价值判读，究竟封禁保护区建设最终的理想状态是什么，尚没有一个统一的答案。其实，沙漠生态系统作为自然生态系统的有机组成部分，其存在必然有其合理性，我们所做的封禁工作，其实最终目的不是改造沙漠，使其变良田，而是使其在大的自然生态系统中更加稳定，增强其存在的合理性；

第五，由于在防沙治沙过程中需要植草，目前形成了以草种子买卖为经济行为的产业链，即农民从沙漠中采摘草的种子，卖给零售商，林业局再从零售商手中买草种子，形成了一个围绕沙漠野生草种子的供应链，这种产业链对于沙漠生态的影响如何还需进一步探讨。

3. 访谈提要与访谈内容（略）

附录4　从相关职能部门获得的资料清单

4-1 基本资料

4-1-1 各县区 2009—2016 年统计年鉴

4-1-2 各县区行政区域图

4-1-3 各县区土地沙漠化历年数据以及沙漠化土地面积现状分布图（截至 2016 年）

4-1-4 各县区沙漠化土地面积历史对比情况（1978 年与 2009 年数据对比）

4-1-5 各县区 2009—2016 年政府工作报告

4-1-6 各县区灾害性天气频率和强度数据

4-1-7 各个沙化土地封禁保护实施前该区域内植物种类、覆盖度等情况

4-1-8 各县区沙化土地封禁保护建设实施过程中采取的管护方案

4-1-9 保护区历年生态监测数据（降水、大风、气温、沙尘暴等数据）

4-2 经济效益

4-2-1 各县区在防治沙漠化等生态建设领域的政府财政投入情况（2009—2016 年各年数据）

4-2-2 各县区旅游收益数据

4-2-3 各项目区涉及乡镇三大产业的产值及比例

4-2-4 各县区财政转移支付数据

4-3 社会效益

4-3-1 各县区在防治沙漠化等生态建设项目中的社会福利、健康、生态宣传等的投入情况（2009—2014 年各年数据）

4-3-2 各县区每年科研经费

4-3-3 各县区人均寿命

致　　谢

　　本书是在作者博士论文基础上不断完善完成的。以下文字是作者在博士论文的致谢，本书略作修改，一并加以收录。在这里首先感谢我的母校兰州大学。兰州大学以其扎实的学风和严谨的探索真理的氛围培养我探索未知的勇气与品质。记忆中积石堂的钟声还时常在耳畔回荡，伴随我一路走过，有"渺渺钟声出远方"的迷茫，有"静夜钟声楼上冷"的空寂，有"夜半钟声到客船"的孤独，也有"钟声磬韵透青霄"的透彻，更有"万籁此俱寂，但余钟磬音"的怡悦。值此付梓之际，怀着一颗感恩的心，感谢一路上陪伴，给予我帮助的人们。

　　感谢我的导师韦惠兰教授，导师渊博的学识，精益求精的治学态度，心系大地的治学情怀，献身科学的探索精神，是我终身学习的榜样。论文在选题、研究工作的计划安排、研究内容的构建、研究提纲的设计等环节韦老师都倾注了大量的心血，很多困惑、迷茫都在韦老师的一次次点拨与启发下得到豁然开朗的解决。学高为师，身正为范，韦老师不仅为我传道、授业、解惑，更教我很多做人、做事的道理，作为一名高校老师，要以韦老师为榜样，永远铭记韦老师的教诲。在此，向韦老师表达诚挚的感谢与衷心的祝福，愿导师身体健康，幸福平安。

　　感谢兰州大学经济学院郭爱君教授、汪晓文教授、成学真教授、岳立教授、姜安印教授、陈吉平教授等各位老师在我学业中及论文研究中给予的帮助。感谢甘肃省林业厅防沙治沙办公室张克荣局长、刘芳科长、董帅主任在调研中给予的大力支持与帮助，感谢各个县市林业局工作人员及基层一线人员在调研中给予支持与帮助，感谢甘肃省治沙研究所杨自辉研究员及甘肃民勤荒漠草地生态系统国家野外科学观测研究站给予的数据支持。

感谢石河子大学郭宁教授、周生贵教授、马智群教授、李万明教授、李豫新教授、孙桂香副教授、张军民教授、李瑞君教授、汪学华老师、王瑞鹏副教授、刘旭阳老师、王能博士、上海师范大学张安福教授、南京大学万朝林副教授、中国科学院新疆生态与地理研究所桂东伟研究员、北京大学李文军教授、四川大学杨鹞飞副研究员、河北大学王朋岗副教授一直以来在学业、工作及生活中给予的帮助。

感谢宗鑫、杨彬如、岳太青、夏文斌、赵龙、周夏伟、罗万云、郭达、赵松松、王茜、祁应军 、张东生、谭柳香、冉小慧、杨新宇、艾力、贾哲、韩雪、白雪等师门兄弟姐妹们在数据调查、整理中给予的帮助，四年中我们一起探讨问题、一块儿社会调查、一起参加集体活动，这份深厚情谊永远值得珍藏。感谢挚友王珞珈、齐敬辉、昝国江、刘星光、马子量、达福文、党海东、田彦平博士，有你们一路的相伴才会有丰富的人生感悟和研究启发。

感谢妻子陈冰，读博期间总是聚少离多，她都毫无怨言地支持我，一个人支撑着这个小家。感谢女儿祁祁，这些年我很少陪伴她，她却无条件地爱我，每一次离别的车站，她都泪流满面地对我喊："爸爸，早点回来"，一幕幕难以忘怀，我也只能在今后用更多的陪伴来弥补这种父爱的缺失，感谢岳父、岳母大人对我们小家的支持，对我女儿的照顾与陪伴，对我读博的支持，没有二老的无私奉献，我肯定无法完成学业，这份恩情永志不忘，愿二老健康、幸福。感谢赵慧娟大姨对我的鼓励、支持与帮助，您总是一次次地鼓励我、竭尽所能的帮助我，您的乐观积极的生活态度一直感染着我，愿您永远幸福快乐！

读博期间也遭遇了人生的重大变故，不到耳顺之年的父亲因病不治离开，"子欲养而亲不待"，多少个不眠之夜泪水浸透枕巾，无论人生取得什么成就也弥补不了这份孝心的缺憾，可惜人生不能重来。父亲走后，我把母亲接到身边，为母亲在学校附近租了一间房，和我共同生活了半年的时光。母亲开始了特殊的伴读生活，那段时间她为了减轻我们生活开支的压力，在小区附近的市场摆起了地摊，每天早晨为我做好早餐后就去批发市场进一些袜子、小饰品之类的货品，然后去市场叫卖，晚上我放学后为我做可口的饭菜，然后拿出一沓厚厚的毛票向我炫耀当天的"营业额"。正是母亲的坚强与乐观才让我很快走出低谷，砥砺前行。父母在，人生尚有来处；父母不在，人生只剩归途，唯愿母亲幸福安康。

科学研究是一条不归路，而我已经在路上，我唯一能做的就是走好脚下的每一步，充实地度过每一天，在知识的海洋中遨游探索，这样才能抵御光阴的虚无，收获充实的人生！

王光耀

2021 年 7 月